U0303696

通信网络基础及应用

李刘求　李茂才　张军委　主　编 ◎

文　冰　副主编 ◎

電子工業出版社
Publishing House of Electronics Industry
北京·BEIJING

内容简介

本书全面介绍了现代通信网络的基本原理及其应用，全书共分为两个部分，第一部分为基础篇，介绍了现代通信网络的基础知识，共分为3章，内容包括数据通信网络的概述、数据通信网络的分层结构，以及 IP 地址的识别和计算。第二部分为项目实训篇，结合项目实训，介绍了现代通信网络的相关技术，共分为7个项目，内容包括上网前的准备工作、交换技术、路由技术、VLAN 技术、网络扩展技术，以及最后的数据通信综合实验，既可以回顾温习之前所学，又可以将所学知识灵活应用于实践。

本书概念清楚、易于理解，案例都是结合工作生活中的实际应用，非常适合作为中学阶段信息技术课程的入门教材，同时也可以作为非通信专业人士和通信爱好者的自学教材。

未经许可，不得以任何方式复制或抄袭本书之部分或全部内容。
版权所有，侵权必究。

图书在版编目（CIP）数据

通信网络基础及应用 / 李刘求，李茂才，张军委主编. —北京：电子工业出版社，2019.2

ISBN 978-7-121-35802-9

Ⅰ. ①通… Ⅱ. ①李… ②李… ③张… Ⅲ. ①通信网—中等专业学校—教材 Ⅳ. ①TN915

中国版本图书馆 CIP 数据核字（2018）第 285075 号

策划编辑：蒲　玥
责任编辑：蒲　玥
印　　刷：北京盛通数码印刷有限公司
装　　订：北京盛通数码印刷有限公司
出版发行：电子工业出版社
　　　　　北京市海淀区万寿路 173 信箱　邮编　100036
开　　本：787×1 092　1/1　印张：9　字数：230.4 千字
版　　次：2019 年 2 月第 1 版
印　　次：2025 年 2 月第 11 次印刷
定　　价：25.00 元

凡所购买电子工业出版社图书有缺损问题，请向购买书店调换。若书店售缺，请与本社发行部联系，联系及邮购电话：（010）88254888，88258888。

质量投诉请发邮件至 zlts@phei.com.cn，盗版侵权举报请发邮件至 dbqq@phei.com.cn。

本书咨询联系方式：（010）88254485，puyue@phei.com.cn。

前 言

本书适用于中学阶段信息技术课程中网络通信模块的教学，激发学生认识缤纷多彩的互联网世界，同时也可以作为大学计算机通信等专业的预科课程。

2015 年，国务院总理李克强在十二届全国人大三次会议上提出“互联网＋”行动计划，要求将移动互联、云计算、物联网、大数据等新一代信息技术产业与农业、工业、服务业等传统产业相结合，促使传统产业搭上互联网的快车，形成智慧农业、智能制造、智慧物流等新兴产业模式。截至 2018 年，已基本形成“互联网＋全行业”的全新业态，极大地促进了经济的增长和社会的发展。

通信技术是信息技术产业中最为核心的技术，也是发展最为迅速、对人才需求量最大的一门技术。随着 5G 和全光网时代的到来，通信产业的规模将达到万亿级别。目前市面上关于通信网络基础的书籍和教材很多，但是绝大多数都是针对高职高专或者本科级别的学生，里面的各种专业术语不仅外行感觉晦涩难懂，就连通信专业的人理解起来也感觉吃力，更何况中学阶段的学生。

本书通过形象化的语言，让学生能够更容易地理解通信术语。大量生活化的具体案例让学生能够学以致用，知道自己所学的知识将来用在哪里，从而激发学生的学习兴趣。

本书共两篇，分别为基础篇和项目实训篇。

基础篇分为 3 章，第一章为初识数据通信网络，意在引导学生认识通信网络不是一个虚无缥缈的东西，而是实实在在存在于我们的工作和生活之中的；第二章介绍了数据通信网络的分层结构，主要内容为 OSI 参考模型和 TCP/IP 协议；第三章介绍了 IP 地址的识别和计算方法。

项目实训篇分为 7 个项目 16 个任务，由浅入深地介绍了 IP 地址的配置、双绞线的制作、局域网的搭建、路由器的认识及静态路由的配置、动态路由协议，包括路由信息协议（RIP）和开放最短路径优先协议（OSPF）、虚拟局域网（VLAN）技术、数据通信扩展技术（DHCP 动态主机配置协议、ACL 访问控制列表、NAT 网络地址转换），以及网络通信技术的综合应用。

本书的编写者既有来自中学阶段的一线名师，又有工作经验丰富的企业工程师。本书既可以作为中学阶段信息技术课程中网络通信模块的授课教材，也可以作为通信网络工程师的入门教材及大学计算机通信专业先导课程的教材。

本书在编写时所参考的资料已列入书末的“参考文献”中，另外还有很多论坛上的大神级人物笔者至今都不知道他们的真实姓名，但他们在笔者编写遇到困难时给予了无私的帮助，谨对这些资料的作者、出版者表示感谢。在本书的编写过程中还得到了中兴通讯新思学院、东莞市电子科技学校和电子工业出版社及所有相关工作人员的大力支持，在此向他们表示诚挚的感谢。

由于编者水平有限，书中难免存在疏漏和错误之处，恳请广大读者批评指正。

编者

说　　明

本书中采用的通信网络设备为中兴通讯 ZXR10 产品系列，其中路由器产品型号为 ZXR10 1800-2S，二层交换机产品型号为 ZXR10-2850，三层交换机产品型号为 ZXR10-3950，计算机终端或服务器为联想启天 M4650（预装 Windows 7 操作系统），笔记本电脑终端为联想 ThinkPad T430（预装 Windows 7 操作系统）。

符号说明：

SW	交换机	R	路由器
PC	计算机终端（主机）	Server	服务器

图示说明：

二层交换机

三层交换机

路由器

计算机终端 1

计算机终端 2

计算机终端 3

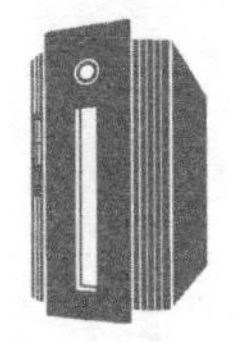

服务器

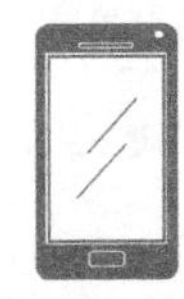

手机终端

无线通信链路

有线通信链路

目录

基础篇

项目实训篇

基　础　篇

第一章 初识数据通信网络

内容概述

身处于网络时代，人们无时无刻不被网络所包围，衣、食、住、行、娱乐等，网络都可以帮人们实现。网络是如此的“神通广大”，那到底什么是网络，网络有哪些功能呢？现在就来一探究竟。

本章内容属于数据通信网络的基础知识，通过学习本章内容，不仅可以了解网络基础知识，还可以为后续章节的学习打下良好的基础。

知识要点

（1）互联网与衣食住行。

（2）互联网的发展历史、现状及未来发展方向。

（3）什么是互联网，其包含哪些东西。

（4）互联网的分类。

（5）计算机网络的拓扑结构。

（6）衡量网络性能的指标。

背景描述

【背景一】

残阳如血，雁叫长空，远山处阵阵马蹄声急急而近。

“报，将军，山那头有敌来犯。”

将军直起身，整理好铠甲，拿起长矛和佩刀。一声令下：点狼烟！。霎时间，狼烟四起，直插云霄。这已经是第9次阻挡来犯的敌人了，而此时将军的麾下已经兵不足千。

这一刻，望着滚滚的狼烟，将军心里在祈求着援兵能尽快到来。

【背景二】

上午 9:25，距离股票开盘只剩下不到 5 分钟的时间了，而在此刻李总作为管理着上百亿资金的资产管理人正坐在宽敞明亮的超大办公室中，透过玻璃窗，可以看到蓝色的海洋和天空，海鸥正展翅飞翔。9:27，李总轻点“鼠标”，那支被研究了很久的股票被委托买入。9:30，股市开盘，股票直冲云霄，立马涨停。

这一刻，李总看着飘红的股票，喝一口浓香的咖啡，心里思绪万千。

1.1 互联网与衣食住行

上面两个背景分别描述了最古老的通信——烽火传信以及最现代化的通信——计算机网络通信这两种通信方式。生活在 21 世纪，享受着高速的计算机网络通信，玩转各色各样的互联网生活，人们现在的生活已经无法离开互联网了。

如图 1-1 所示为生活中的互联网。

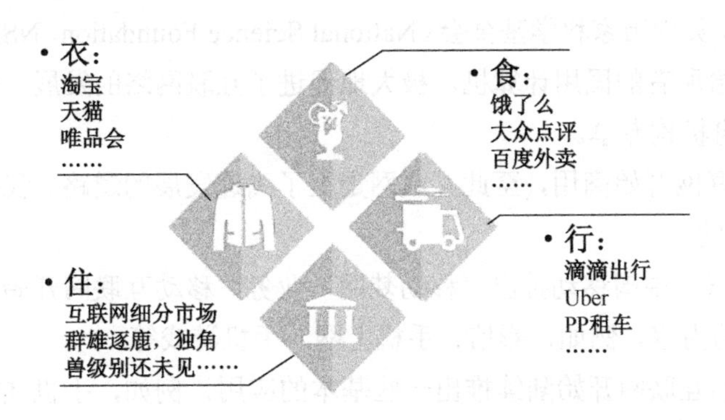

图 1-1 生活中的互联网

除了最常见的衣食住行和娱乐外，互联网还渗透到生活的方方面面。在多元化发展的趋势下，许多网络应用的新形式不断涌现，例如，电子邮件（E-mail）、视频点播（Video On Demand，VOD）、电子商务（E-Commerce）、视频会议（Video Conference）、协同办公（Office Automation）、电子政务（E-Government）等。

2012 年，“互联网+”的概念提出，极大地丰富了互联网的新业态。

2015 年，“互联网+”被写进《政府工作报告》，目的在于充分发挥互联网的优势，将互联网与传统产业深入融合，以产业升级提升经济生产力，最后实现社会财富的增加。

截至目前，已形成互联网+工业、互联网+农业、互联网+生活、互联网+服务业等各种大数据服务，借助于互联网，使传统产业获得了新的发展。

1.2 互联网的发展历史、现状及未来发展方向

互联网起源于1969年的美国国防部的军用网络ARPAnet，当时美苏两个“超级大国”正处于冷战时期，且苏联的力量已处于美国之上，美国军方为了防止自己的计算机网络在受到袭击时被全部摧毁，便由美国国防部的高级研究计划局（ARPA）建设了一个军用网，称为“阿帕网”（ARPAnet）。

阿帕网的指导思想为分散作战指挥中心，各节点通过某种通信方式连接起来，共享情报信息。即使部分节点被摧毁，其余部分仍能保持通信联系。

阿帕网于1969年正式启用，当时仅连接了4台计算机，供科学家们进行计算机联网实验用，这就是互联网的前身。

70年代末，各种各样的企业网络和大学网络兴盛起来，例如，美国的军用网络ARPAnet、各个大学间的CSNet以及Usenet等。这些网络彼此之间互不通信，但又有相互通信的需求，所以在80年代初统一使用TCP/IP协议来互联互通。

80年代中期，美国国家科学基金会（National Science Foundation，NSF）建立的NSFnet。NSF开放互联网给所有的民用计算机，极大地促进了互联网络的发展，使得互联网不再被某些大学或者政府机构专享。

90年代，互联网开始商用，至此互联网走上了飞速发展的道路。我国的互联网发展就是从90年代开始的。

2000年的时候，中国移动推出“移动梦网”业务，移动互联网开始试水，但是仅能提供一些非常简单的内容。例如，彩信、手机上网、手机游戏等。

随后几年移动互联网开始陆续推出一些基本的应用，例如，手机QQ、地图导航，但是速率很低。由于手机昂贵，速率较慢，费用较高，所以用的人很少。

2009年，3G技术的商用，尤其是IPHONE 3GS和安卓系统的引入，极大地促使了移动互联网的发展。

2010年，中国电信启动“光进铜退”。标志着我国家庭宽带正式进入光网时代，之前的铜线宽带时代一去不复返了。

2013年12月，工业和信息化部发放4G牌照，标志着我国正式进入4G时代。4G时代，大大加快了人们的上网速度。目前，基本上人手一部手机，上面安装了各种各样的应用程序，方便了人们的生活。

现在，5G技术已经开始试点商用，大数据、云计算等新技术层出不穷。物联网技术已经逐步成熟，并且在智慧金融、智慧城市、智能家居、智能物流等行业得到极大的应用，在其形成系列产业链的同时，也必将产生大规模的创业效益。以互联网为核心和基础的物联网将会是未来的主要发展趋势。

1.3 什么是互联网，其包含哪些东西

互联网，不是一个虚拟的东西，它是实实在在存在的。它不是一个设备、一台机器，而是一个系统，由千万台设备协同工作的一整套系统。具体来说主要包含了以下几方面的内容。

1. 路由器（Router）

路由器处于互联网的节点位置，类似于公路网中的“十字路口”，主要负责信息的寻址，以及流量控制等。

2. 交换机（Switch）

在互联网中，交换机处于路由器的下联位置，主要负责物理接口的扩展、数据信息的转发等。

3. 服务器（Server）

在互联网中，服务器主要负责信息的存储和数据的处理服务。

4. 终端设备（Terminal）

在互联网中，终端设备主要负责数据的人机交互，最终把各种各样的信息以约定格式呈现给客户。

5. 通信线路（Communication Link）

在互联网中，通信线路主要负责设备与设备之间的连接，包括有线和无线这两种连接方式。

6. 各种各样的应用软件（APP & Software）

应用软件主要包括多种操作系统，以及在操作系统上开发的各种各样满足人们日常生活需求的软件。有了这些应用软件，人们的互联网生活才如此的丰富多彩。

在实际的工程应用中，除了以上互联网的主要设备以外，还有一些辅助设备，例如，制冷设备、供电设备、维护设备等。这些辅助设备同样也都是在这一整套系统中协同工作，如果有一个设备出了故障，那么上网就会出现问题。

举例来说，假如设备机房空调出了问题而不再制冷，那么机房温度就会因为环境封闭，以及设备运行中散发的热量而骤升，如果机房温度超过设备的正常运行环境温度，就会导致路由器或者交换机或者服务器等设备损坏，而无法连接互联网，所以辅助设备也是属于

互联网设备的一部分。

1.4 互联网的分类

按照覆盖范围，计算机网络可以分为局域网（LAN）、城域网（MAN）和广域网（WAN）。

局域网（Local Area Network，LAN）是一个高速数据通信系统，它在较小的区域内将若干独立的数据设备连接起来，使用户共享计算机资源。局域网的地域范围一般只有几公里。局域网的基本组成包括服务器、客户机、网络设备和通信介质。通常局域网中的线路和网络设备的所有权、使用权、管理权一般都是属于用户所在公司或组织的。例如，一个学校的校园网、一栋大楼的楼宇网、一个小企业的企业网、一个工业园区的园区网等都是属于局域网。

城域网（Metropolitan Area Network，MAN）是数据网的另一个例子，它在区域范围和数据传输速率两方面与 LAN 有所不同，其地域范围从几公里至几百公里，数据传输速率可以从几 Mbit/s 到几 Gbit/s。MAN 能向分散的局域网提供服务。对于 MAN，最好的传输媒介是光纤，因为光纤能够满足城域网在支持数据、声音、图形和图像业务上的带宽容量和性能要求。例如，东莞市的电信互联网、深圳市的电信互联网等都是属于城域网。

广域网（Wide Area Network，WAN）覆盖范围为几百公里至几千公里，由终端设备、节点交换设备和传送设备组成。一个广域网的骨干网络常采用分布式网络网状结构，在本地网和接入网中通常采用的是树型或星型连接。广域网的线路与设备的所有权与管理权一般是属于电信服务提供商，而不属于用户。例如，中国电信网络、中国联通网络、美国的 AT&T 网络、日本的 KDDI 等都是属于运营商级别的广域网。

目前互联网已经发展到全球的范围内，互联网是由许多小的网络（子网）互联而成的一个逻辑网，每个子网中连接着若干台计算机或终端，互联网以相互交流信息资源为目的，基于一些共同的协议，并通过许多路由器和公共互联网相互连接而成，它是一个信息资源和资源共享的集合。

1.5 计算机网络的拓扑结构

计算机网络的拓扑（Topology）结构很大程度上影响着一个网络的整体性能，是新建网络和设计网络时不可忽视的一部分。常见的拓扑类型主要有总线型结构、树形结构、分布式结构、环形结构及复合型结构。

1. 总线型结构

总线型结构的网络就是通过一条总线把所有的节点连接起来，而形成的通信网络。总线型结构非常简单、易于扩展，在局域网中最为常见，但是对于总线质量要求非常高。

如图 1-2、图 1-3 所示为生活中最常见的总线型结构的网络设备。

图 1-2 RJ45 总线型 HUB

图 1-3 USB 总线型 HUB

2. 树形结构

树形结构是一种分层网络，适用于分级的网络通信系统中。树形结构节省线路、成本低和易于扩展，但是对于高层节点的要求非常高。通常学校的校园网就是树形网络。如图 1-4 所示为树形网络结构示意图。

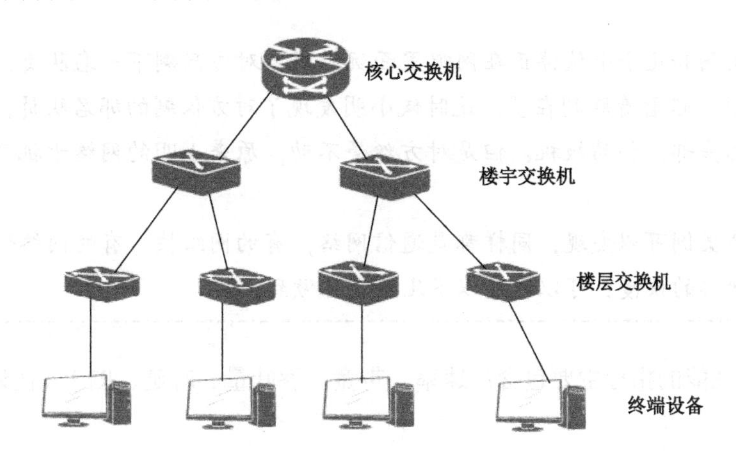

图 1-4 树形网络结构示意图

3. 分布式结构

分布式结构网络是由分布在不同地点且具有多个终端的节点机互连而成的。网中任一点均至少与两条线路相连，当任意一条线路发生故障时，通信可转经其他链路完成。

分布式结构网络无中心节点。所有的节点均参与信息的传递过程，通信控制功能分布在各节点上，通常适用于对网络可靠性要求非常高的情况，企业 CDN 网络和区块链技术就属于分布式网络。

分布式结构网络的特点是可靠性高；网内节点共享资源容易；可改善线路的信息流量分配；可选择最佳路径，传输延时小；易于扩充等。

4. 环形结构

环形结构网络是指由各节点首尾相连而形成的闭合环形网络中的信息传递是单向的，该网络最大的优点是结构简单，建网非常容易，而且可以利用极少的光纤资源实现设备的线路双向保护。

通常运营商网络中的传输网络就是由各传输设备组成的各个级别的环形网络。

5. 复合型结构

计算机网络中的城域网（MAN）和广域网（WAN）通常采用复合型结构，该类型的网络通常非常复杂，功能非常强大，传输质量高，传输业务也多种多样。针对不同的客户等级，客户的网络质量也不一样。

1.6 衡量网络性能的指标

【背景】

某天，小明和几个小伙伴正在网吧里面玩游戏，对方只剩下一名队员，而小明这方还有 3 名队员。眼看着胜利在望，这时候小明发现了对方仅剩的那名队员，小明熟练地瞄准了对方的头部，扣动扳机。但是对方丝毫不动，原来小明的网络卡机了，而且小明也牺牲了。

通过这个案例可以发现，同样都是通信网络，有的网络快，有的网络慢，那么如何去衡量一个网络的快慢？可以通过以下几项指标做到。

衡量网络性能的指标主要包含：速率、带宽、吞吐量、时延、RTT（往返时间）等。

1. 速率

网络技术中的速率是指连接在计算机网络上的数据在数字信道上的传输速率，也称为数据率或比特率；速率的单位是 bit/s（比特每秒），日常生活中所说的常常是额定速率或标称速率，例如，1024Kbit/s。如图 1-5 所示为下载软件中显示的下载速率。

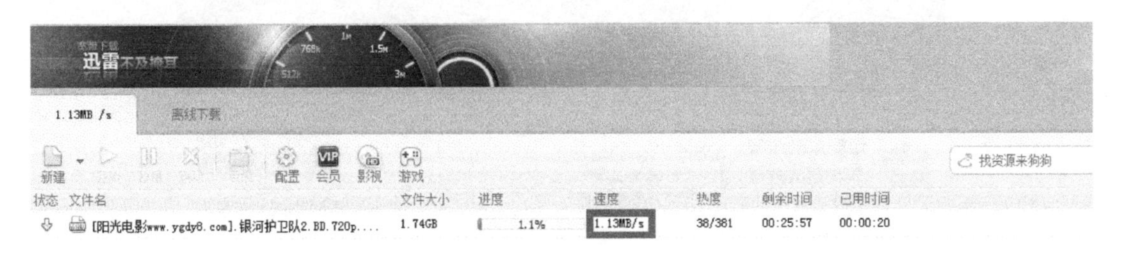

图 1-5　下载速率

2. 带宽

带宽是用来表示网络通信线路数据传送能力的所能传送数据的能力，带宽表示在单位时间内从网络中的某一点到另一点所能通过的“最高数据率”。

带宽的单位是 b/s（比特每秒），常用的带宽单位有以下几种。

- 千比特每秒，即 Kb/s，也常写为 Kbps 或 K。
- 兆比特每秒，即 Mb/s，也常写为 Mbps 或者 M。
- 吉比特每秒，即 Gb/s，也常写为 Gbps 或者 G。
- 太比特每秒，即 Tb/s，也常写为 Tbps 或者 T。

其中，1M=1024K，1G=1024M，1T=1024G。

小知识》

家用的 2M 带宽，为什么下载速度最高只有 256KB/s？2Mb/s 那个 b 是小写的，意思是 bit，8 个 bit 是一个字节（Byte）也就是大写的 B，所以 2Mb/s=2048Kb/s=256KB/s，带宽与速率之间是一个 8 倍的关系。

例如，使用中国电信的带宽测试工具可以测试用户的带宽，这个带宽指的是从用户的计算机接入到中国电信接入端机房的带宽，即用户的上网带宽。如图 1-6 所示。

3. 吞吐量

吞吐量表示在单位时间内实际通过某个网络（或信道、接口）的数据量。

吞吐量的单位是 bit/s（比特每秒）。通过查看相应网络设备端口的吞吐量（数据量），可以看出当前端口每秒通过的数据量是否符合当前端口所设计的最大量，如果吞吐量过大，就会引起交换机压力大，CPU 使用率过高，从而导致端口堵塞，使网络变慢。

4. 时延

时延是指数据从网络的一端传送到另一端所需的时间。时延包括发送时延、传播时延、处理时延和排队时延。

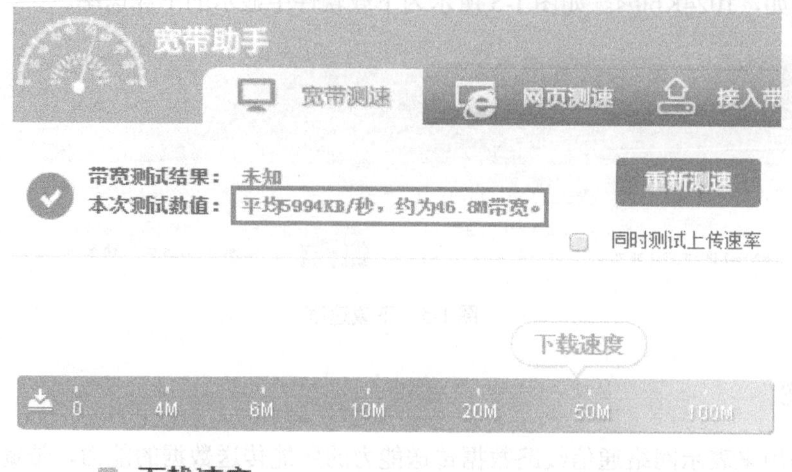

图 1-6　带宽与速率之间的关系

（1）发送时延：发送时延是指主机或路由器发送数据帧所需要的时间，也就是从发送数据帧的第一个比特开始到最后一个比特发送完毕所需的时间，因此发送时延也叫传输时延。

（2）传播时延：传播时延是指电磁波在信道中传播一定的距离所需要花费的时间。

（3）处理时延：处理时延是指主机或路由器在收到分组时进行处理的时间。

（4）排队时延：分组在经过网络传输时，要经过许多的路由器，但分组在进入路由器后要先在输入队列中排队等待处理，在路由器确定转发接口后，还要在输出队列中排队等待转发，这样就产生了排队时延。

由此，数据在网络中经历的总时间，也就是总时延等于上述的四种时延之和，即

单向总时延 ＝ 发送时延+传播时延+处理时延+排队时延

5. 往返时间（Round-Trip Time，RTT）

往返时间是指从发送方发送数据开始，到发送方收到来自接收方的确认，总共经历的时间。在互联网中 RTT 还包括中间各节点的处理时延、排队时延及转发数据时的发送时延。

通常，测试一个数据从计算机发出，到计算机接收到来自目的地址的确认信息，使用的命令为“Ping”。Ping 命令也是工程上最常用来测试网络连通性的命令之一。如图 1-7 所示为 Windows 系统中的 Ping 测试。

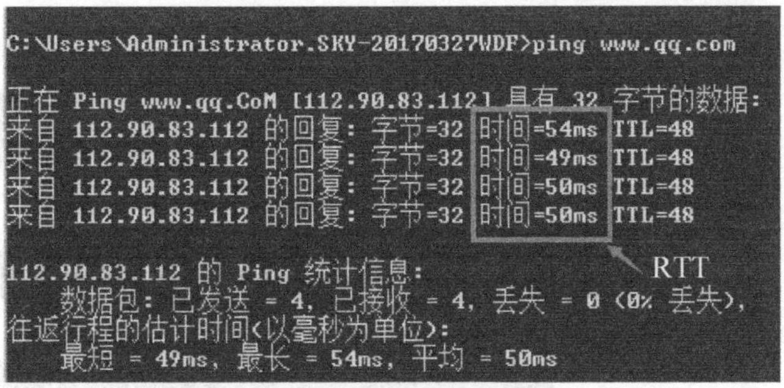

```
C:\Users\Administrator.SKY-20170327WDF>ping www.qq.com

正在 Ping www.qq.CoM [112.90.83.112] 具有 32 字节的数据:
来自 112.90.83.112 的回复: 字节=32 时间=54ms TTL=48
来自 112.90.83.112 的回复: 字节=32 时间=49ms TTL=48
来自 112.90.83.112 的回复: 字节=32 时间=50ms TTL=48
来自 112.90.83.112 的回复: 字节=32 时间=50ms TTL=48
                                                RTT
112.90.83.112 的 Ping 统计信息:
    数据包: 已发送 = 4, 已接收 = 4, 丢失 = 0 (0% 丢失),
往返行程的估计时间(以毫秒为单位):
    最短 = 49ms, 最长 = 54ms, 平均 = 50ms
```

图 1-7　Windows 系统中的 Ping 测试

小知识 》

在工程实践测试中，由于单向时延非常难以把握，无法准确测试。因此经常会把往返时间（RTT）当成“时延”来对待，例如，测得去到 www.qq.com 的“时延”是 50ms 左右。

思考与练习

（1）按照网络的覆盖范围，数据通信网络可以分为哪几类？

（2）计算机网络建设好之后，如何评价该网络的好坏？

（3）常见的网络拓扑有哪几种类型，各自有什么特点？

（4）数据通信网络主要包括哪些东西？

（5）讲述一下你的互联网生活，在你看来，未来的通信网络该如何发展？对人们的生活会产生什么影响？

第二章 数据通信网络的分层结构

内容概述

经过前面章节的学习，我们对数据通信网络已经不再陌生，对互联网也有了一个初步的认识。在本章内容中，将继续深入探讨互联网的本质。主要介绍互联网中数据传输的参考标准和设计网络的核心 OSI 参考模型，以及 TCP/IP 协议的每一层及其怎样对应 Internet 的体系结构。

本章内容也是设计、架构以及解决网络故障的基础。

知识要点

（1）深入理解数据通信网络的分层结构。

（2）了解 OSI 参考模型。

（3）掌握 TCP/IP 协议。

（4）理解数据的封装与解封装。

（5）识别分层模型中各层的协议。

背景描述

20 世纪 60 年代，计算机网络一问世，便得到了飞速的发展。国际上各大厂商为了在数据通信网络领域占据主导地位，顺应信息化潮流，纷纷推出了各自的网络架构体系和标准，例如，IBM 公司的 SNA，Novell 公司的 IPX/SPX 协议，Apple 公司的 AppleTalk 协议，DEC 公司的网络体系结构 DNA，以及广泛流行的 TCP/IP 协议。同时各大厂商针对自己的协议生产出了不同的硬件和软件。各个厂商的共同努力无疑促进了网络技术的发展和网络设备种类的迅速增长。但由于多种协议的并存，网络变得越来越复杂；而且厂商之间的网络设备大部分不能兼容，很难进行通信。为了解决网络之间的兼容性问题，帮助各个厂商生产出可兼容的网络设备，国际标准化组织 ISO 于 1984 年提出了 OSI-RM（Open System Interconnection Reference Model，开放系统互连参考模型）。OSI 参考模型很快成为计算网络通信的基础模型。

2.1 OSI 参考模型

2.1.1 OSI 参考模型的层次结构

OSI 参考模型定义了开放系统的层次结构、层次之间的相互关系及各层所包含的可能的服务。它采用分层结构化技术，将整个网络的通信功能分为 7 层。由低层至高层分别是物理层、数据链路层、网络层、传输层、会话层、表示层、应用层。具体划分如图 2-1 所示。

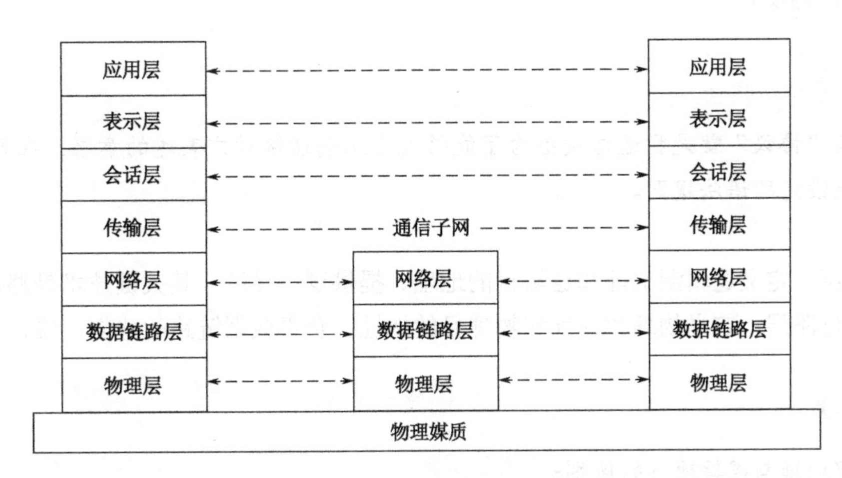

图 2-1 OSI 参考模型的分层结构

具体的划分原则：

（1）网路中各结点都有相同的层次；

（2）不同结点的同等层具有相同的功能；

（3）同一结点内相邻层之间通过接口通信；

（4）每一层使用下层提供的服务，并向其上层提供服务；

（5）不同结点的同等层按照协议实现对等层之间的通信。

通过分层技术可以把开放系统的信息交换问题分解到不同的层中，各层可以根据需要独立进行修改或扩充功能，同时，OSI 参考模型有利于各不同制造厂家的设备互连，从而实现各个企业的互联网互联互通，实现全球互联。

2.1.2 OSI 参考模型各层的功能

OSI 参考模型中不同的层完成不同的功能，各层相互配合通过标准接口相互通信。其中应用层、表示层、会话层处于高层，通常由应用软件来实现；物理层、数据链路层、网络层、传输层称为数据流层，通常由硬件搭载相应的软件来实现。

应用层：直接面向用户，以满足不同用户的不同需求，通常由终端应用软件来实现。例如，HTTP、Telnet、FTP 等。

表示层：解决用户的语法问题，对信息格式和编码进行转换，对数据流进行加密和解密。例如，将 ASCII 码转换为对应的 EBCDIC 码等。

会话层：组织、协调两个或者多个不同应用程序之间的会话。

传输层：为主机应用程序提供端到端的可靠或者不可靠的通信服务，消除通信过程中产生的错误，进行流量控制，对数据段进行重新排序，保证数据通信质量。传输层的协议有 TCP（Transmission Control Protocol，传输控制协议）和 UDP（User Datagram Protocol，用户数据报协议）。

小知识》

所谓“协议”就是指通信设备为了能够彼此正确理解对方表达的意思，在开始表达之前预先设定的语法规则。

网络层：定义逻辑源地址和逻辑目的地址、提供逻辑寻址，其关键技术是路由技术。

数据链路层：定义物理源地址和物理目的地址、负责数据链路的建立、维持、拆除。

小知识》

物理地址与逻辑地址的区别：

物理地址：也叫 MAC 地址（Media Access Control，媒体接入控制），俗称网卡地址或者硬件地址，如图 2-2 所示。

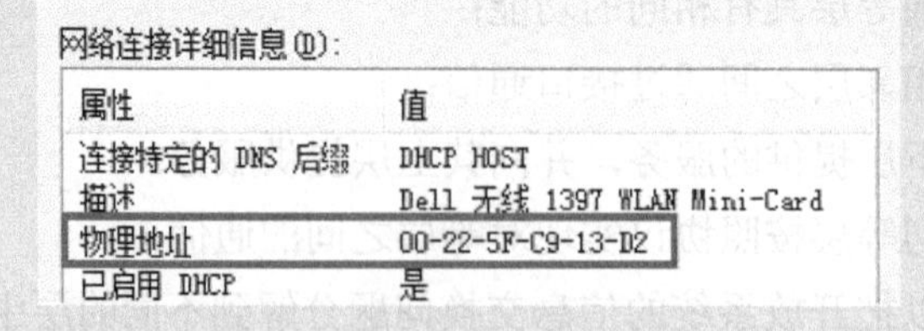

图 2-2 计算机设备的物理地址

MAC 地址有 48 位，在网卡出厂时，厂家已经烧录到网卡芯片里面了，在全球范围内来说都是唯一的。

对于用户来讲，MAC 地址非常不容易记住，所以为了方便记忆和书写，可以对每一块网卡重新分配全球唯一的逻辑地址。

逻辑地址：也叫 IP 地址，如图 2-3 所示。关于 IP 地址的细节，将在后续讨论。

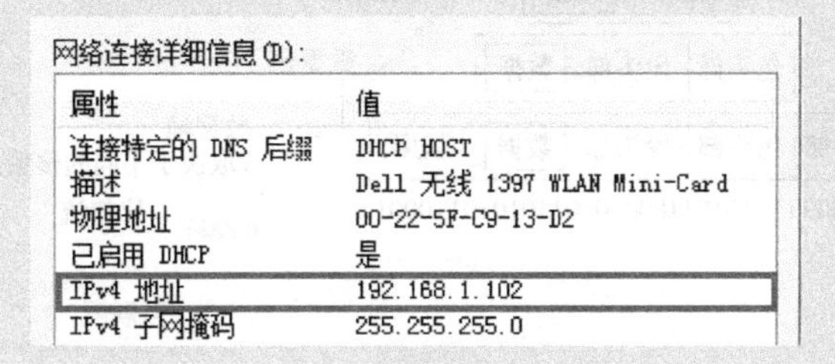
网络连接详细信息(D):

属性	值
连接特定的 DNS 后缀	DHCP HOST
描述	Dell 无线 1397 WLAN Mini-Card
物理地址	00-22-5F-C9-13-D2
已启用 DHCP	是
IPv4 地址	192.168.1.102
IPv4 子网掩码	255.255.255.0

图 2-3　计算机设备的逻辑地址

物理层：规定了计算机或终端（DTE）与通信设备（DCE）之间的接口标准，包含接口的机械、电气、功能与规程四个方面的特性。物理层定义了媒介类型、连接头类型和信号类型。

2.1.3　OSI 参考模型数据的封装过程

OSI 参考模型中每个层次接收到上层传递过来的数据后都要将本层次的控制信息加入数据单元的头部，一些层次还要将校验和等信息附加到数据单元的尾部，这个过程称为“封装”。

每层封装后的数据单元的叫法不同，在应用层、表示层、会话层的协议数据单元统称为 Data（数据），在传输层协议数据单元称为 Segment（数据段），在网络层称为 Packet（数据包），数据链路层协议数据单元称为 Frame（数据帧），在物理层称为 Bits（比特流）。如图 2-4 所示。

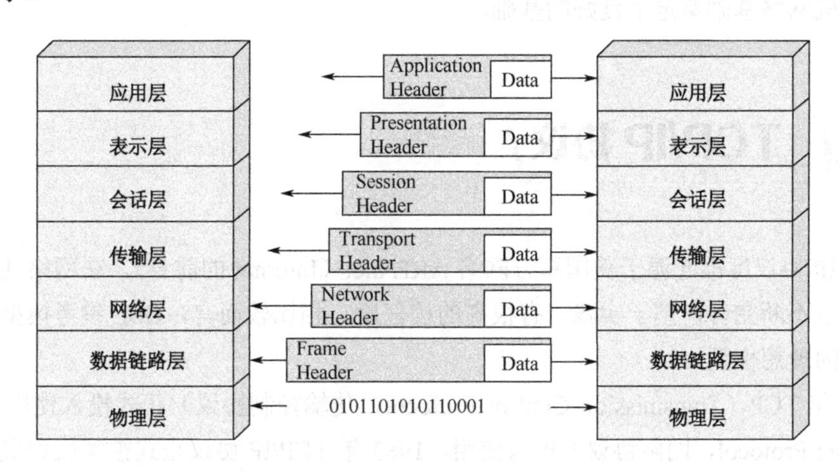

图 2-4　OSI 七层参考模型各层头部信息

以用户发送电子邮件为例来说明，如图 2-5 所示为数据的封装工程。

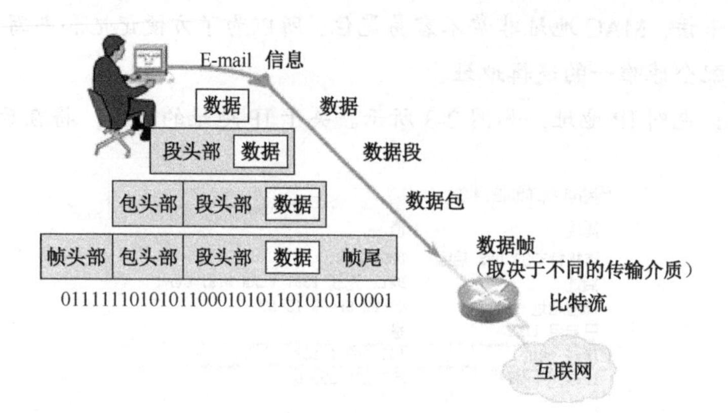

图 2-5 数据的封装过程

步骤 1 当用户编辑完电子邮件的内容，单击“发送”后就由应用层产生相关的数据，通过表示层转换成计算机可识别的 ASCII 码，再由会话层产生相应的主机进程传给传输层。

步骤 2 传输层将以上信息作为数据并加上相应的端口号信息以便目的主机辨别此报文，得知具体应由本机的哪个任务来处理。

步骤 3 在网络层加上 IP 地址使报文能确认应到达具体某个主机，再在数据链路层加上 MAC 地址，转成比特流信息，从而在网络上传输。

以上过程称为数据的“封装”。

当报文到达目的主机后，会执行相反的操作，一步步除掉各层的头部信息，从而把原始邮件信息还原出来，这个过程称为数据的“解封装”。

不过遗憾的是，到目前为止还没有任何一家厂家遵循 OSI 七层参考模型，在实际的工程实践中，更多的厂家遵循的是 TCP/IP 协议，因此 TCP/IP 协议是“事实上”的互联网标准。但 OSI 参考模型的设计蓝图为我们更好地理解网络体系、理解数据流如何来进行通信、学习计算机网络基础奠定了良好的基础。

2.2 TCP/IP 协议

TCP/IP 协议标准起源于美国军方网络 ARPAnet（Internet 的前身），在网络通信不断发展中自身也不断完善，基于实践，有很高的信任度。相比较而言，OSI 参考模型是一种起源于理论的理想模型。

1973 年 TCP（Transmission Control Protocol，传输控制协议）正式投入使用，1981 年 IP（Internet Protocol，网际协议）投入使用，1983 年 TCP/IP 协议正式被集成到美国加州大学伯克利分校的 UNIX 操作系统中，由于该“网络版”操作系统适应了当时各大学、机关、企业旺盛的联网需求，并且该操作系统可以免费获取到，因而随着该操作系统的广泛使用，

TCP/IP 协议得到了各个厂家的支持。

到 90 年代，TCP/IP 协议已发展成为计算机之间最常应用的组网形式。它是一个真正的开放系统，TCP/IP 协议的定义及多种实现方法可以不用花钱或花很少的钱就可以公开地得到。它被称为“全球互联网”或“因特网（Internet）”的基础。

2.2.1 TCP/IP 协议与 OSI 参考模型的对比

与 OSI 参考模型一样，TCP/IP 协议也分为不同的层次开发，每一层负责不同的通信功能。但是 TCP/IP 协议简化了层次设计，将原来的七层模型合并为四层协议的体系结构，自顶向下分别是应用层、传输层、网络层和网络接口层，没有 OSI 参考模型的会话层和表示层。从图 2-6 中可以看出，TCP/IP 模型与 OSI 参考模型有清晰的对应关系，TCP/IP 协议覆盖了 OSI 参考模型的所有层次，其应用层包含了 OSI 参考模型所有的高层协议。

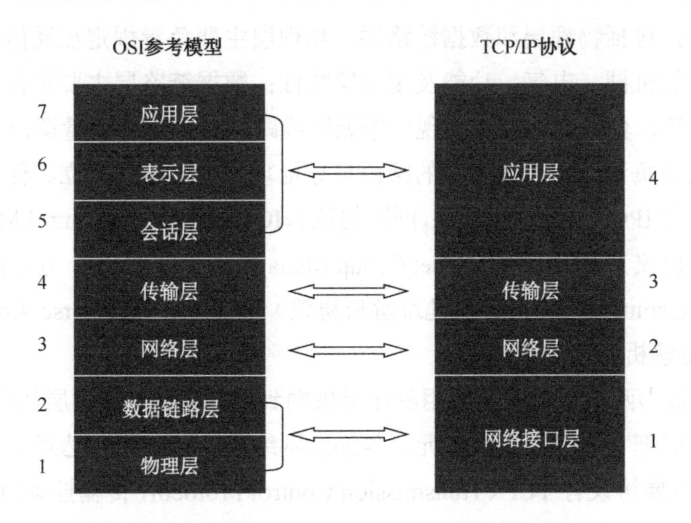

图 2-6　OSI 参考模型与 TCP/IP 协议对照

1. TCP/IP 协议与 OSI 参考模型的相同点

（1）都是分层结构，且工作模式一样，下层为上层服务。

（2）有相同的传输层、网络层。

（3）都使用包交换（Packet-Switched）技术。

2. TCP/IP 协议与 OSI 参考模型的不同点

（1）TCP/IP 协议把表示层和会话层都并入到了应用层。

（2）TCP/IP 协议由于分层少，结构更简单。

2.2.2 TCP/IP 协议族的层次结构

TCP/IP 协议族是由不同网络层次的不同协议组成的，如图 2-7 所示为 TCP/IP 协议族。

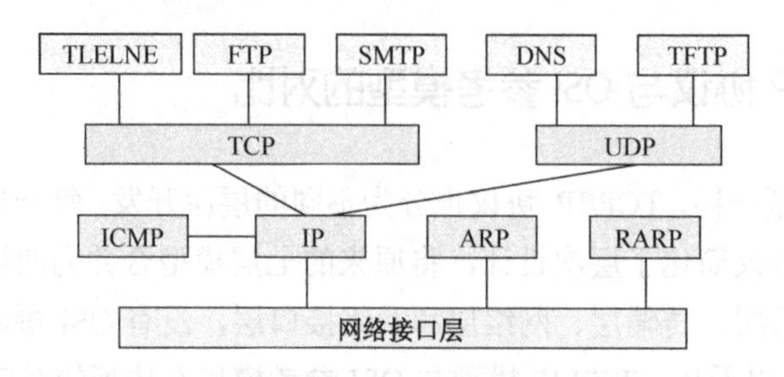

图 2-7 TCP/IP 协议族

网络接口层：包括物理层和数据链路层，物理层主要负责规定在通信信道上传输的原始比特流所需要的机械、电气、功能及规程等特性；数据链路层主要负责对数据流进行检错、纠错、同步等，使之对网络层显现一条无错线路，并且进行流量调控。

网络层：主要负责处理数据报文的路由与寻址功能，连接的建立、保持、终止等。网络层的主要协议有 IP（Internet Protocol，网际协议）、ICMP（Internet Control Message Protocol，互联网控制消息协议）、IGMP（Internet Group Management Protocol，互联网组管理协议）、ARP（Address Resolution Protocol，地址解析协议）和 RARP（Reverse Address Resolution Protocol，逆地址解析协议）等。

传输层：负责为两台主机间的应用程序提供端到端的通信。传输层从应用层接收数据，并且在必要的时候把它分成较小的单元，传递给网络层，并确保到达对方的各段信息正确无误。传输层的主要协议有 TCP（Transmission Control Protocol，传输控制协议）、UDP（User Datagram Protocol，用户数据报协议）。

应用层：负责处理特定的应用程序细节，显示接收到的信息，把用户的数据发送到低层，为应用软件提供网络接口。应用层包含大量常用的应用程序，例如，HTTP、Telnet、FTP 等。

常见的各层协议及其功能如表 2-1 所示。

表 2-1 常见的各层协议及其功能

协 议 层	协议（英文拼写）	协议（中文拼写）	作 用
应用层	HTTP	超文本传输协议	用于上网时显示网页专用协议
	FTP	文件传输协议	用于文件传输
	TELNET	远程登录	客户机与服务器建立连接的终端仿真协议
	SNMP	简单网络管理协议	负责网络设备的监控和维护
	SMTP	简单邮件传输协议	支持文本邮件的网络传输

续表

协 议 层	协议（英文拼写）	协议（中文拼写）	作　用
应用层	DNS	域名系统	把 IP 地址转换和易于记忆的网站域名对应
	…		
传输层	TCP	传输控制协议	提供可靠的用户数据传输
	UDP	用户数据报协议	提供不可靠的用户数据传输
网络层	IP	互联网协议	用于互联网数据包的寻址和转发
	ARP/RARP	地址解析协议/逆地址解析协议	把主机的 IP 地址和 MAC 地址一一对应
	…		
网际接口层	PPP、802 协议、v.35 等	帧结构协议和物理接口协议	定义各种不同的通信接口

2.2.3 TCP/IP 协议族传输层协议

传输层位于应用层和网络层之间，为终端主机提供端到端的连接，以及流量控制（由窗口机制实现）、可靠性（由序列号和确认技术实现）、支持全双工传输等。传输层协议有两种：TCP 和 UDP。虽然 TCP 和 UDP 都使用相同的网络层协议 IP，但是 TCP 和 UDP 却为应用层提供完全不同的服务。

1. TCP 传输控制协议

TCP 协议主要为应用程序提供可靠的、面向连接的通信服务，适用于要求得到响应的应用程序。目前，许多流行的应用程序都使用 TCP 协议，例如，上网浏览器、下载工具、收发邮件工具等。

面向连接，是指在真正的数据开始发送之前，数据的传输连接就要建立。例如，在乘坐火车旅行出发前，旅客就已经知道要走哪一条路、中途要经过哪些站。即虽然还没有出发，但是旅行线路已经建立了起来。

TCP 连接的建立，需要通信双方经过“三次握手”。所谓“三次握手”，就是要建立连接的双方进行三次对话，如图 2-8 所示。

步骤 1　请求端（HostA）发送一个 SYN（同步序列号）指明打算连接的服务器的端口，以及初始序号（seq）。

步骤 2　HostB 发回包含自己初始序号的 SYN 报文段作为应答。同时，将确认序号设置为 HostA 的初始序号加 1，以对 HostA 的 SYN 报文段进行确认。一个 SYN 将占用一个序号。

步骤 3　HostA 必须将确认序号设置为 HostB 的初始序号加 1，以对 HostB 的 SYN 报文段进行确认。

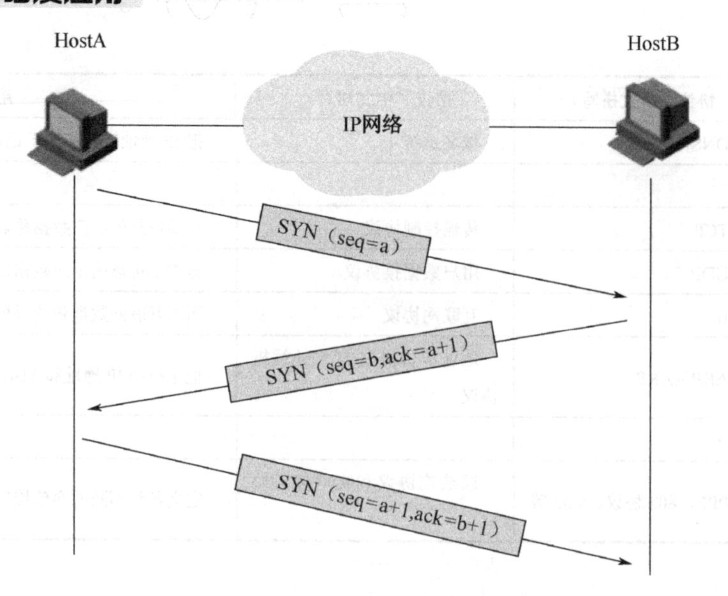

图 2-8　TCP 建立连接时的“三次握手”

TCP 连接的终止，则需要通信双方经过“四次握手”，如图 2-9 所示。

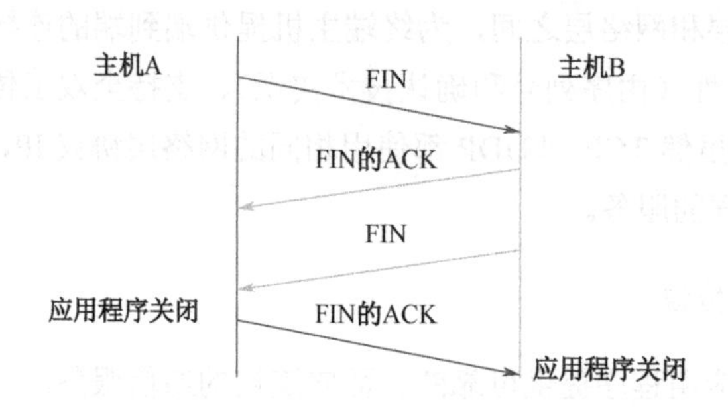

图 2-9　TCP 终止连接时的“四次握手”

一个 TCP 连接是全双工（即数据在收发两个方向上能同时传递），因此每个方向必须单独进行关闭。当一方完成它的数据发送任务后就发送一个 FIN 来终止这个方向连接。当一端收到一个 FIN，它必须通知应用层另一端已经终止了那个方向的数据传送。所以 TCP 终止连接的过程需要四个过程，称为“四次握手”过程。

2. UDP 用户数据报协议

UDP 协议主要为通信双方提供非面向连接的，且传送数据不做可靠性保证。比较适合于一次传输小量数据，可靠性则由应用层来负责。

相比于 TCP 协议，UDP 协议不做可靠性保证、不提供流量控制。但是由于 UDP 协议在数据传输过程中延迟小，数据的传输效率非常高。

常见的应用程序中 DNS、TFTP、SNMP 等用的就是 UDP 协议。

2.2.4 TCP/IP 协议族网络层协议

网络层位于 TCP/IP 协议传输层和网络接口层中间，负责数据报文的寻址、分组转发。其中最为重要的是 IP 协议，同时也是互联网中最为重要的协议之一，它不关心报文的内容，主要为通信双方提供无连接的，不可靠的服务。

ARP 协议的主要功能为把主机的 IP 地址转换为对应的 MAC 地址。该协议主要应用于局域网的内部，当一台主机，需要和本局域网内的另外一台主机进行通信时，双方主要是根据 MAC 地址来确定转发的接口。

ARP 的工作过程如图 2-10 所示。

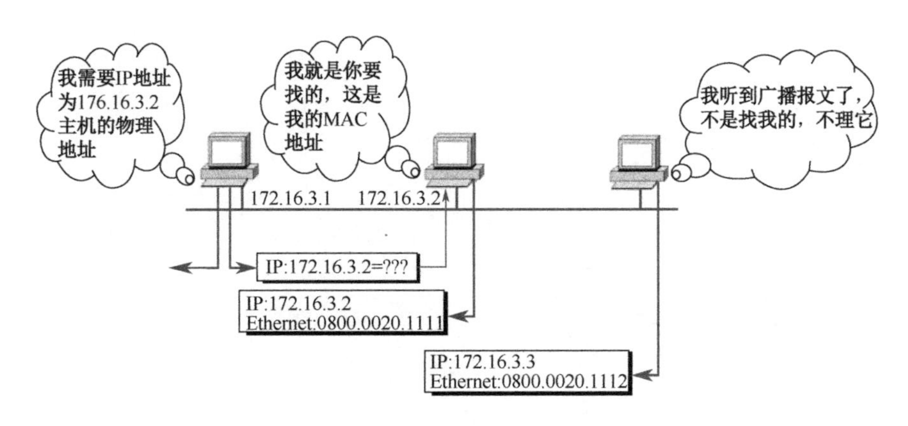

图 2-10　ARP 的工作过程

ARP 工作过程如下：

步骤 1　主机 A 发送一份称为 ARP 请求的以太网数据帧给以太网上的每个主机。这个过程称为广播，ARP 请求数据帧中包含目的主机的 IP 地址，其意思是“如果你是这个 IP 地址的拥有者，请回复你的 MAC 地址”。

步骤 2　连接到同一 LAN 的所有主机都接收并处理 ARP 广播，目标主机收到这份广播报文后，根据目的 IP 地址判断出这是发送端在询问它的 MAC 地址。于是发送一个单播 ARP 应答。这个 ARP 应答包含 IP 地址及对应的 MAC 地址。收到 ARP 应答后，发送端就知道接收端的 MAC 地址了。

步骤 3　ARP 高效运行的关键是由于每个主机上都有一个 ARP 高速缓存。这个高速缓存存放了最近 IP 地址到硬件地址之间的对应记录。当主机查找某个 IP 地址与 MAC 地址的对应关系时，首先在本机的 ARP 缓存表中查找，只有在找不到时才进行 ARP 广播。

RARP 协议的主要功能是把主机的 MAC 地址，转换为对应的 IP 地址。主要用来动态获取 IP 地址。

思考与练习

（1）分别简述 OSI 参考模型和 TCP/IP 协议，及对应关系。

（2）简述 TCP/IP 协议中各层常用的网络协议有哪些。

（3）简述在通信时，数据的封装与解封装的过程。

（4）简述 TCP 协议连接的建立与拆除过程。

第三章 IP 地址的“表白”

内容概述

经过前面章节的学习，我们对于数据通信网络已经有了一个整体的认知。在本章内容中，我们将在 TCP/IP 协议的基础上，深入学习 IP 地址、子网掩码及子网划分等重要内容，这些知识也是规划、设计网络时重要的参考因素。

知识要点

（1）认识 IP 地址在互联网中的作用。
（2）会进行十进制与二进制之间的转换计算。
（3）了解 IP 地址的分类。
（4）掌握子网掩码的作用并且会划分子网。
（5）会利用变长子网掩码进行简单的计算。

背景描述

【背景一】

小明今天早上要去奶奶家做客。他之前都是和妈妈一起去的，这是他第一次一个人去。但是走到半路却忘记了奶奶家的地址，这个时候他能走到奶奶家吗？

【背景二】

郭庆杰和钟秋洁是一对恋人。这一天下大雨，钟小姐从公司走出来，没有带伞，于是她拨通了郭先生的手机，让对方接自己回家，她只是打了一串数字而已，郭先生会来吗？

3.1 IP 地址初识

3.1.1 IP 地址的初体验

在认识 IP 地址之前，首先来看一下背景描述里面的两个事例。第一个事例，小明要去奶奶家做客，但是又不知道奶奶家的地址，肯定无法到达奶奶家。要想正确到达奶奶家，必须要清楚地知道奶奶家的地址。

第二个事例，钟小姐打了一串数字，这串数字就是郭先生的电话号码。即钟小姐此时无须知道郭先生具体在哪里，她只需要拨打郭先生的号码就可以找到郭先生。即这串数字在一定范围内唯一标识郭先生。甚至可以理解为：郭先生就是这串数字，这串数字就是郭先生。

通过上述两个事例可以得知：要去到某个地方，首选要清楚地知道这个地方的地址。

在互联网中也一样，如果需要访问某一台主机，必须清楚地知道这台主机的地址是多少。那么互联网中的主机地址是什么呢？

互联网中的主机地址：即 IP 地址。

同电话号码一样，在全球范围内一个 IP 地址可以唯一标识一台主机。即如果需要访问某台主机，只需要知道该主机的 IP 地址就可以了。

生活中通过不同的电话号码来区分不一样的个人，互联网中通过不同的 IP 地址来区分不一样的主机。

3.1.2 IP 地址的格式

根据 TCP/IP 协议的规定：IP 地址由 32 位的二进制数组成，通常被分割为 4 个 8 位二进制数。IP 地址通常用“点分十进制”的方法表示成（a.b.c.d）的形式，其中，a、b、c、d 都是 0～255 之间的十进制整数。

例如，一个 IPv4 地址用二进制形式可表示为：（00001010.01101110.10000000.01101111）；用点分十进制形式可表示为：（10.110.192.111）。

互联网中的主机就是通过 IP 地址来相互通信，如图 3-1 所示。

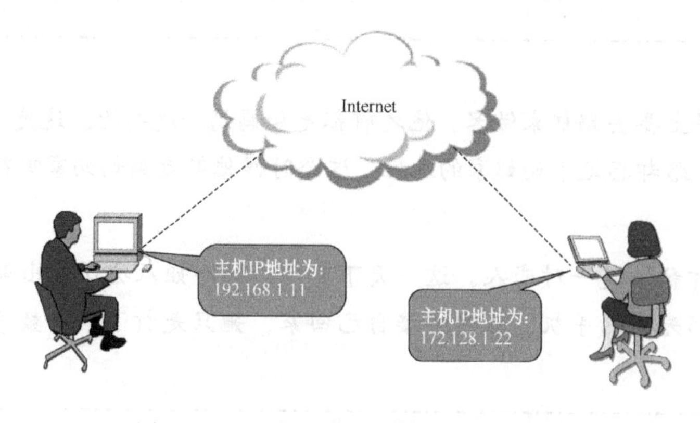

图 3-1　互联网上的主机利用 IP 地址通信

3.2 IP 地址的分类

通常一个完整的固定电话电话号码应包括区号和本地号码两部分。例如，电话号码010-12345678，前面的字段 010 代表的是北京市的区号，后面的字段 12345678 代表的是北京市区的一部固定电话。同样为了方便使用，互联网主机的 IP 地址，也采用了和电话号码一样的层次化的方案。

IP 地址的分层方案是将一个完整的 32 位的 IP 地址分成了两部分，一部分为网络位，另一部分为主机位。网络位的部分称为网络地址（又称网络号），网络地址用于唯一地标识一个网段，或者若干网段的聚合，同一网段中的网络设备有同样的网络地址。IP 地址的主机位的部分称为主机地址，主机地址用于唯一地标识同一网段内的各台不同主机的IP地址。

这种分层 IP 地址可以记为：

IP 地址: :=网络位+主机位

按照原来的定义，IP 寻址标准并没有提供地址类，为了便于管理后来加入了地址类的定义。地址类的实现将地址空间分解为 A 类、B 类、C 类、D 类和 E 类，共 5 类。如图 3-2 所示。

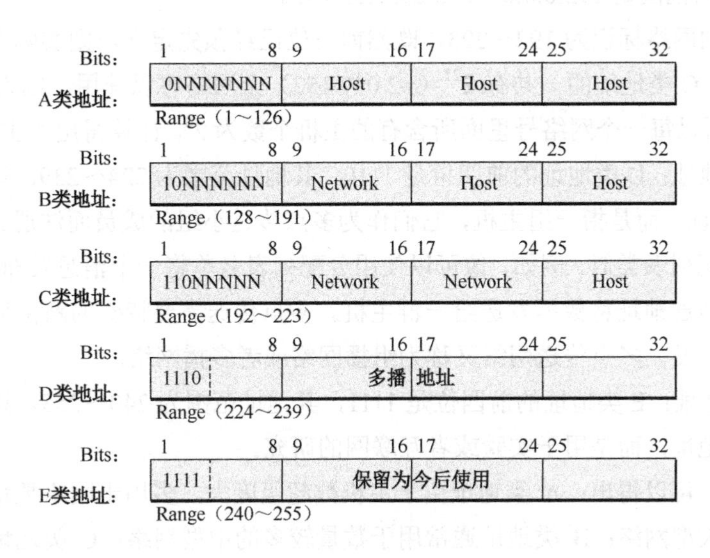

图 3-2 IP 地址分类

（1）A 类地址：32 位 IP 地址中的第 1～8 位定义为网络位，9～32 位定义为主机位。即 A 类地址中的网络位为 8 位，主机位为 24 位，且网络位中的第一位必须为 0。由图 3-2 可以得出 A 类地址的范围是 1.0.0.0～126.255.255.255。

A 类地址的网络标识为 1～126，所以 A 类地址中一共有 126 个网络可以使用。因为 A 类地址的主机位有 24 位，所以每一个网络号里面所含有的主机个数为 2^{24}，计算得出的主机数为 16 777 216 个。

小知识》

有的同学可能会问：A 类地址的范围不应该是 0.0.0.0～127.255.255.255 吗？在这里简要回答一下：

0.0.0.0 以及 127.0.0.0～127.255.255.255 是属于保留地址中的特殊 IP 地址段，不能用作业务 IP 地址，后续会讲到。

（2）B 类地址：32 位 IP 地址中的第 1～16 位定义为网络位，17～32 位定义为主机位。即 B 类地址中的网络位为 16 位，主机位为 16 位，且网络位中的前两位必须为 10。由图 3-2 可以得出 B 类地址的范围是 128.0.0.0～191.255.255.255。

B 类地址的网络标识为 128～191，既然头两位已经预先定义，则实际上网络地址只剩下 14 位，所以 B 类地址一共有 2^{14}（=16 384）个网络可以使用。因为 B 类地址的主机位有 16 位，所以每一个网络号里面所含有的主机个数为 2^{16}，计算得出的主机数为 65 536 个。

（3）C 类地址：32 位 IP 地址中的第 1～24 位定义为网络位，25～32 位定义为主机位。即 C 类地址中的网络位为 24 位，主机位为 8 位，且网络位中的前三位必须为 110。由图 3-2 得出 C 类地址的范围是 192.0.0.0～223.255.255.255。

C 类地址的网络标识为 192～223，既然前三位已经预先定义，则实际上网络地址只剩下 21 位，所以 C 类地址的一共有 2^{21}（=2 097 152）个网络可以使用。因为 C 类地址的主机位有 8 位，所以每一个网络号里面所含有的主机个数为 2^{8}，计算得出的主机数为 256 个。

（4）D 类地址：D 类地址的前四位是 1110，其地址范围为 224～239。这类地址不是用于标准的 IP 地址，而是指一组主机，它们作为多点传送小组的成员而注册。多点传送小组和电子邮件分配列表类似。例如，像可以使用分配列表名单将一个消息发布给一群人一样，可以通过多点传送地址将数据发送给一群主机。多点传送需要特殊的路由配置，在默认情况下，它不会转发。多点传送网络又称为组播网络或者多播网络。

（5）E 类地址：E 类地址的前四位是 1111，其地址范围为 240～255。这类地址不是用于传统的主机地址，而是用于实验或者互联网的研究。

综上所述，可以得出：A 类地址由于主机数超级庞大，多用于网络数量有限，但主机量特别多的特大型网络；B 类地址通常用于数量较多的中型网络；C 类地址主要用于数量非常多的小型网络；D 类地址多用于组播和多播网络；E 类地址多用于科学实验网络。

在日常的工作生活中，经常使用的 IP 地址类型主要为 A、B 和 C 这三类地址。

小知识》

① A 类地址可用于主机的实际数量为 $2^{24}-2$=16 777 216−2=16 777 214（个），是因为 16 777 216 个地址里包含了一个网络地址和一个广播地址。

② B 类地址可用于主机的实际数量为 $2^{16}-2$=65 536−2=65 534（个），是因为 65 536

个地址里包含了一个网络地址和一个广播地址。

③ C 类地址可用于主机的实际数量为 $2^8-2=256-2=254$（个），是因为 256 个地址里包含了一个网络地址和一个广播地址。

3.3 IP 地址中的保留地址

3.3.1 特殊的 IP 地址

IP 地址虽然能唯一标识互联网上的设备，但也不是所有的 IP 地址都能用于唯一标识互联网上的设备。一些特殊的 IP 地址被用于以下所述的各种特定用途。

（1）主机位的二进制全为“0”的 IP 地址，称为网络地址，网络地址用来标识一个网段，不能用作配置业务 IP 地址。例如，A 类地址 1.0.0.0，B 类地址中的 172.1.0.0，C 类地址中的 200.1.5.0 等。

（2）主机位的二进制全为“1”的 IP 地址，称为网段广播地址，广播地址用于标识一个网络的所有主机。例如，IP 地址 10.255.255.255 可以在网络号为 10.0.0.0 的网段内转发广播包；192.168.1.255 可以网络号为 192.168.1.0 的网段转发广播包。广播地址用于向本网段的所有节点发送数据。

（3）A 类地址中网络位为 127 的 IP 地址，即 127.0.0.0～127.255.255.255 往往用于环路测试。

（4）全“0”的 IP 地址 0.0.0.0 代表所有网络，通常用于表示默认路由。

（5）全“1”的 IP 地址 255.255.255.255 是广播地址，但 255.255.255.255 代表所有主机，用于向本网段内的所有节点发送数据。这样的广播不能被路由器转发。

3.3.2 私有 IP 地址

除了以上一些具有特殊用途的 IP 地址外，还有一些 IP 地址，可以被重复使用，但是不能用于公共互联网服务器或者主机（俗称：公网），只能用于组织机构内部使用，这一类 IP 地址称为私有 IP 地址或非注册 IP 地址，通常用于局域网。

私有 IP 地址段如下表 3-1 所示。

表 3-1 私有 IP 地址段

私有 IP 地址	A 类	10.0.0.0～10.255.255.255
	B 类	172.16.0.0～172.31.255.255
	C 类	192.168.0.0～192.168.255.255

由表 3-1 可以看出：

A 类地址的私有地址中，每一个网络所含有的 IP 主机数量为 $2^{24}-2$ 个，所以 A 类私有地址多用于大型局域网。例如，超大型企业集团、政府单位等。

B 类地址的私有地址中，每一个网络所含有的 IP 主机数为 $2^{16}-2$ 个，所以 B 类私有地址多用于主机数较多的中型局域网。例如，校园网、园区网等。

C 类地址的私有地址中，每一个网络所含有的 IP 主机数为 $2^{8}-2$ 个，所以 C 类私有地址多用于主机数较少的小型局域网。例如，网吧、小微企业或者个人等。

3.4 子网掩码

子网掩码（Subnet Masking），一个独立的 IP 地址如果没有子网掩码，就像一台计算机没有操作系统一样，计算机有了操作系统才有了“生命”，IP 地址有了子网掩码才有了意义。

子网掩码的意义在于网络设备使用子网掩码决定 IP 地址中哪部分为网络部分，哪部分为主机部分。通俗地讲，就是协助 IP 地址计算所在的网络号，告诉 IP 地址，它是属于哪个“单位”的。

子网掩码的格式：与 IP 地址的格式一样，都是 32 位的二进制数，同样也是由网络位和主机位来组成。其特点是子网掩码中网络位的部分都是用“1”来表示，主机位的部分都是用“0”来表示。

默认状态下，如果没有进行子网划分，A 类网络的子网掩码为 255.0.0.0，B 类网络的子网掩码为 255.255.0.0，C 类网络的子网掩码为 255.255.255.0。例如，B 类 IP 地址：172.16.0.0，它的子网掩码是 255.255.0.0，如下图 3-3 所示。通过利用子网掩码，IP 地址的使用会更加高效。

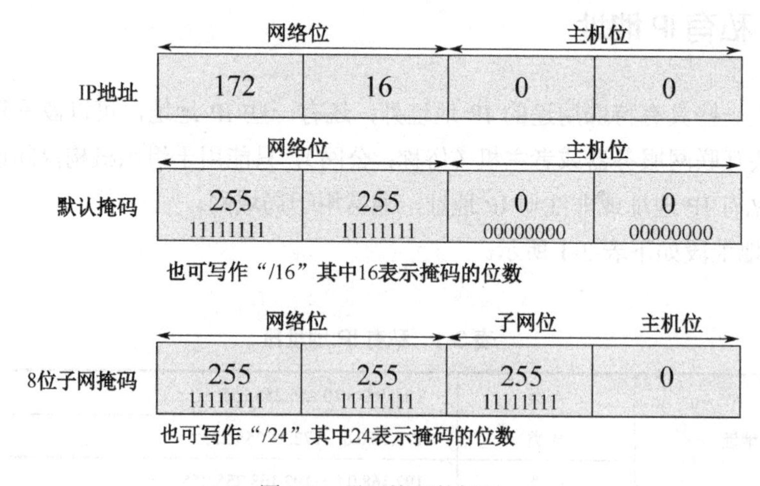

图 3-3　子网掩码的标识

计算机里通常配置的 IP 地址和子网掩码如图 3-4 所示。

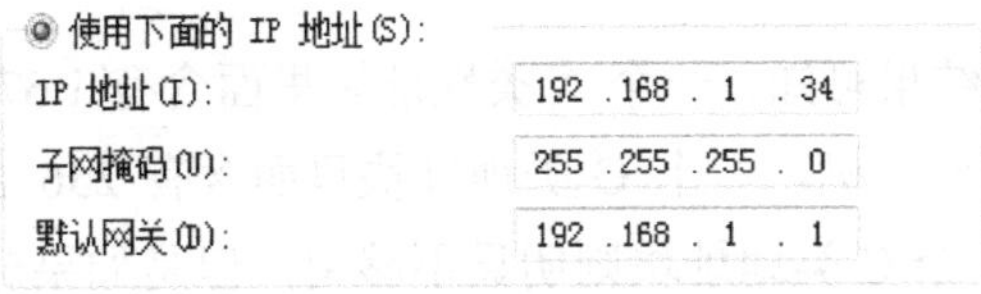

使用下面的 IP 地址(S):
IP 地址(I): 192 . 168 . 1 . 34
子网掩码(U): 255 . 255 . 255 . 0
默认网关(D): 192 . 168 . 1 . 1

图 3-4　计算机里配置的 IP 地址和子网掩码

在工程实践中，为了书写方便，可以将子网掩码简写。例如，前文中的 B 类地址 172.16.0.0，默认情况下可以简写为 172.16.0.0/16，这个“/16”代表的是该 IP 地址的网络位为 16 位，这就代表了它的默认子网掩码为 255.255.0.0；IP 地址 192.168.1.34，默认情况下可以简写为 192.168.1.34/24，这就代表了它的默认子网掩码为 255.255.255.0。

3.5 子网划分

3.5.1 可用主机 IP 地址数量的计算

在讲 IP 地址数量计算之前，先来看一个例子，“七星彩”是一种体育彩票，其游戏规则是从 0～9 这 10 个自然数中任意选择 7 个数字，且每位数可以重复，最后组成 1 注彩票。请问这种规则下共能组成多少注彩票？通过分析可知，一注彩票有 7 位数字，每位数字有 10 种排列方法，计算可得出这种彩票的注数种类为 $10\times10\times10\times10\times10\times10\times10=10^7$ 种。

与彩票一样，IP 地址也是按照“位”来计算的。A 类地址网络位占 8 位，主机位占 24 位，那么一个 A 类地址里面含有的 IP 地址共 2^{24} 个。B 类地址，如网段 172.16.0.0，如图 3-5 所示，有 16 个主机位，因此有 2^{16} 个 IP 地址，去掉一个网络地址 172.16.0.0 和一个广播地址 172.16.255.255 不能用于标识主机，则共有 $2^{16}-2$ 个可用 IP 地址。

计算每一个网段可用于标识主机的 IP 地址数量的公式为 2^n-2，其中 n 为这个网段的主机部分位数。

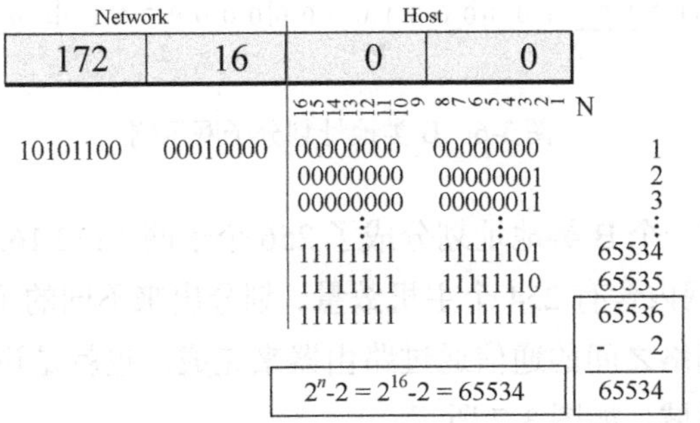

Network | Host
172 16 0 0
10101100 00010000 00000000 00000000 1
00000000 00000001 2
00000000 00000011 3
11111111 11111101 65534
11111111 11111110 65535
11111111 11111111 65536
65536 − 2 = 65534
$2^n-2=2^{16}-2=65534$

图 3-5　主机数量的计算示例

3.5.2 划分子网的方法

根据 IP 地址的计算结果可知，一个 A 类地址块里面含有 1 677 214 台主机，一个 B 类地址块里面含有 65 534 台主机，一个 C 类地址块里面含有 256 台主机，假设一个公司有 500 台电脑，如果分配一个 C 类地址块则明显不够用，但是如果分配一个 B 类地址，则会造成 65 000 多个 IP 地址浪费。所以两级 IP 地址非常不够灵活，IP 地址的利用率非常低。

为了解决上述问题，从 1985 年起，国际 IP 地址分配机构在 IP 地址中又增加了一个“子网号”字段，从而使两级 IP 地址变成了三级 IP 地址。这样就很好地解决了上述问题，这种方法就称为“划分子网（subnetting）”。

划分子网的方法如下：

从 IP 地址的主机位借若干位作为子网的子网号（subnet-id），当然 IP 地址的主机位就相应地变少，于是两级 IP 地址变成了三级 IP 地址：主类网络位、子网位、主机位。同样 IP 地址的表示方法由以前的

IP 地址：:=网络位+主机位

更改为现在的

IP 地址：:=主类网络位+子网络位+主机位

借位的规则是：从左面第一位不是网络号的位开始借，而且借位必须是连续的，不能跳跃。

例如，一个标准的 B 类 IP 网段 172.16.0.0/16。在没有划分子网之前，它的默认网络位为前 2 段 8 位，即 172.16 为它的网络位。主机位为第三段 8 位和第四段 8 位，即后面的 0.0 是主机位。现在将它的第三段 8 位变成子网位，如图 3-6 所示。

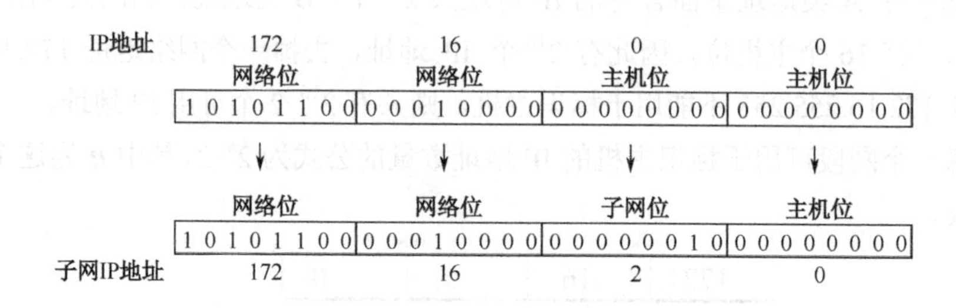

图 3-6　B 类地址划分子网示例

通过划分子网，把一个 B 类地址划分成了 256 个子网（172.16.2.0 和 172.16.3.0 是其中的两个子网），每个子网内含有 254 个主机数量。划分出来不同的子网，即划分出了不同的逻辑网络。这些不同网络之间的通信通过路由器来完成，也就是说将原来一个大的广播域划分成了多个小的广播域，如图 3-7 所示。

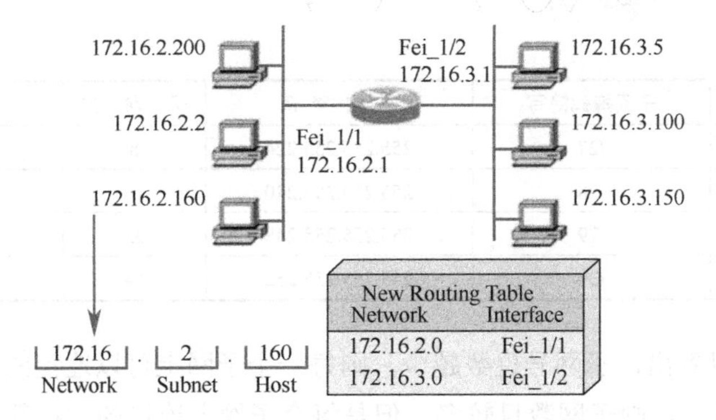

图 3-7　不同网段之间通信

3.5.3　可变长子网掩码（VLSM）

将一个网络划分成多个子网，要求每一个子网使用不同的网络标识 ID。但是每个子网的主机数不一定相同，而且相差很大，如果每个子网都采用固定长度子网掩码，而每个子网上分配的地址数也相同，就会造成地址的大量浪费。此时可以采用变长子网掩码（Variable Length Subnet Masking，VLSM）技术来避免这种浪费。

如图 3-8 所示为可变长子网掩码示例。在图 3-8 中，从主类网中借的第 3 段 8 位，在子网掩码中对应位变成了“1”。还记得子网掩码的特点吗？网络位的部分用“1”来表示，主机位的部分用“0”来表示。所以对应的子网的子网掩码就变成了“/24”，即 255.255.255.0。

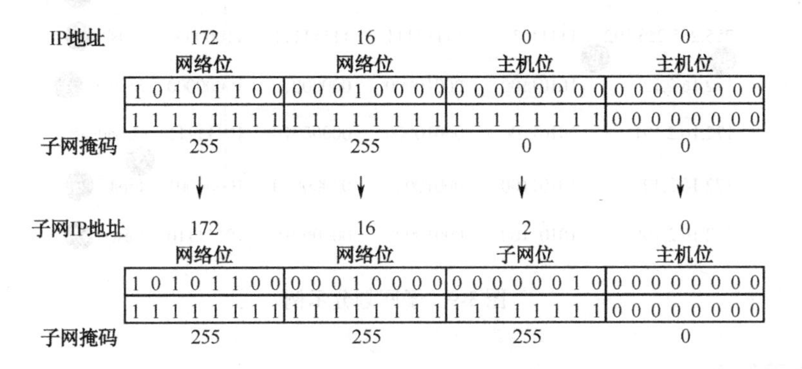

图 3-8　可变长子网掩码示例

以 C 类地址为例，来说明子网的划分方法。在采用固定长度子网时所划分的所有子网的子网掩码都是相同的。如表 3-2 所示。

表 3-2　C 类地址划分子网示例

子网号的位数	子网掩码简写	子 网 掩 码	子　网　数	每个子网的主机数
1	/25	255.255.255.128	2	126
2	/26	255.255.255.192	4	62

续表

子网号的位数	子网掩码简写	子 网 掩 码	子 网 数	每个子网的主机数
3	/27	255.255.255.224	8	30
4	/28	255.255.255.240	16	14
5	/29	255.255.255.248	32	6
6	/30	255.255.255.252	64	2

从表 3-2 可以看出，子网号位数越少，则每一个子网上可以连接的主机数就越多。反之，子网号位数越多，则子网数目较多，但是每个子网上连接的主机数就越少。因此可以根据网络的具体情况（企业一共多少个子网，每个子网承载多少台主机），来选择合适的子网掩码，从而做出更加合理的网络规划。

3.5.4 IP 地址的子网网络地址的计算方法

给定 IP 地址 172.16.2.160/26，试求出该 IP 地址的子网网络地址，子网的广播地址及可用 IP 地址的范围。

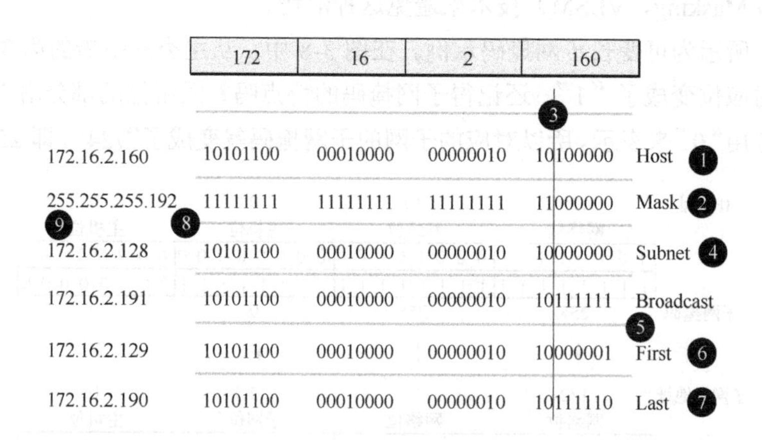

图 3-9 子网划分示例

计算步骤如下：

（1）将 IP 地址转换为二进制表示。

（2）将子网掩码也转换成二进制表示。

（3）在子网掩码的 1 与 0 之间划一条竖线，竖线左边即为网络位（包括子网位），竖线右边为主机位。

（4）将主机位全部置 0，网络位照写就是子网的网络地址。

（5）将主机位全部置 1，网络位照写就是子网的广播地址。

（6）介于子网的网络地址与子网的广播地址之间的即为子网内可用 IP 地址范围；网络地址后面的第一个 IP 地址即为第一个可用 IP 地址。

（7）广播地址的前面第一个 IP 地址即为最后一个可用 IP 地址。

（8）将前 3 段网络地址写全。

（9）转换成十进制表示形式。

3.6 企业网络 IP 地址规划

企业在搭建网络之前，必须要做一个整体的网络规划，其中有一项最为重要的内容就是根据实际需求及电子终端数量规划部署 IP 地址。在规划 IP 地址之前，首先要了解以下几方面内容。

（1）企业的规模（大型企业集团、中等企业、小微企业），以及确定要使用 A 类地址、B 类地址，还是 C 类地址。

（2）企业的分公司数量。

（3）根据企业的部门数量（现状及企业未来增加部门），初步确定子网的数量和子网掩码。

（4）根据每个部门的主机或者电子终端（含无线）数量（现状及企业未来增加人手），最终确定子网的数量和子网掩码的大小。

根据所了解的内容，使用相应的计算公式，然后做出统一的规划。

计算子网网络数量的公式为：

$$2^n=M$$

其中，n 是子网借的位数，M 是子网网络数量。

计算子网主机数目的公式为：

$$2^x-2=Y$$

其中，X 是借位后剩下的主机位的位数，Y 是子网内可用主机数量。

例 1 给定 IP 网段：192.168.1.0/24，要求划分子网。子网的要求是：每个网络可以容纳下 35 台主机。

例题背景：某企业目前在广州和深圳各有一个市场部，并且每个市场部的人数都不低于 35 人，公司还在积极地扩张之中。目前该企业已经从中国电信申请到了一段 IP 地址 192.168.1.0/24。请帮助该企业规划网络，满足企业现在的需求，并能适当地考虑一下企业未来的发展。

计算步骤：

（1）根据公式，要满足每个子网可以容纳下 35 台主机，须满足 $2^x-2\geqslant35$，求出 x 最小等于 6，即主机位占 6 位。

（2）根据 32=网络位+主机位，得出网络位占 26 位，即划分子网的子网掩码为“/26”。

（3）每个子网的主机位占 6 位，得出每个子网的地址块共 2^6=64 个 IP 地址。

（4）由此得出可以划分 4 个子网，每个子网含有 64 个 IP 地址（包含每个子网的网络地址和广播地址，每个子网中真正可以用作主机通信的 IP 地址只有 62 个），分别为：

① 192.168.1.0/26（地址范围：192.168.1.0～192.168.1.63）

② 192.168.1.64/26（地址范围：192.168.1.64～192.168.1.127）

③ 192.168.1.128/26（地址范围：192.168.1.128～192.168.1.191）

④ 192.168.1.192/26（地址范围：192.168.1.192～192.168.1.255）

例 2 给定 IP 网段：192.168.1.0/24，要求划分子网。子网的要求是：划分出 11 个子网。

例题背景：企业 A 在广东省拥有 11 个办事处，为了更好地协同办公，将这 11 个办事处使用 VPN 联系在一起，目前企业已经从中国电信申请到了一段 IP 地址 192.168.1.0/24，如何规划这些 IP 地址，才能使这 11 个办事处互联互通。

计算步骤：

（1）根据公式，要满足划分出 11 个子网，需满足 $M=2^n \geqslant 11$，得出 n 最小等于 4，即需要从主机位中借出 4 位作为子网网络位，如图 3-10 所示。

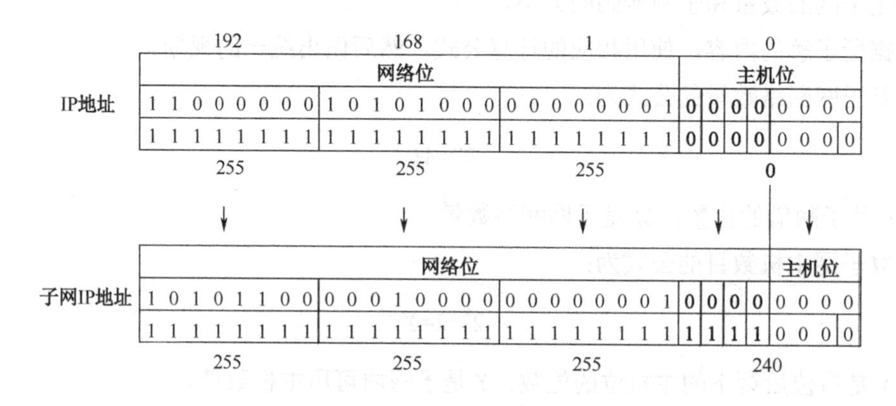

图 3-10 子网划分示例

n=4，即划分的子网个数 $M=2^4$=16 个子网

（2）从而得出子网的网络位占 28 位，即划分子网的子网掩码为“/28”。

（3）每个子网的主机位占 4 位，可以得出，每个子网的地址块中共有 2^4=16 个 IP 地址。

（4）由此得出可以划分 16 个子网，分别为：

① 192.168.1.0/28（地址范围：192.168.1.0～192.168.1.15 共 16 个 IP 地址）

② 192.168.1.16/28（地址范围：192.168.1.16～192.168.1.31 共 16 个 IP 地址）

③ 192.168.1.32/28（地址范围：192.168.1.32～192.168.1.47 共 16 个 IP 地址）

…

⑯ 192.168.1.240/28（地址范围：192.168.1.240～192.168.1.255 共 16 个 IP 地/址）

3.7 IPv4 与 IPv6

在网络发展的初期，计算机还只是大型企业和政府及科研机构的宠儿。TCP/IP 协议也是在那个时期产生的。当时，没有人预想到未来的互联网会发展到现在这么庞大，终端数量和服务器数量大到无法估计。

目前，互联网所采用的协议族是 TCP/IP 协议族。IP 是 TCP/IP 协议族中网络层的协议，是 TCP/IP 协议族的核心协议。目前 IP 协议的版本号是 4（简称为 IPv4），发展至今已经使用了 30 多年。

IPv4 的地址位数为 32 位，也就是最多有 2 的 32 次方的计算机可以连接到互联网上，在当时来说这个数字已经非常庞大了。

近十多年来由于互联网的蓬勃发展，IP 位址的需求量越来越大，使得 IP 地址的申请越来越困难，互联网地址分配机构（IANA）在 2011 年 2 月份已将其 IPv4 地址空间段的最后 2 个“/8”地址组分配出去。这一事件标志着地区性注册机构（RIR）可用 IPv4 地址空间中“空闲池”的终结。

IPv6 是下一版本的互联网协议，也可以说是下一代互联网的协议，它的提出最初是因为随着互联网的迅速发展，IPv4 定义的有限地址空间将被耗尽，地址空间的不足必将妨碍互联网的进一步发展。为了扩大地址空间，拟通过 IPv6 重新定义地址空间。IPv6 采用 128 位地址长度，几乎可以不受限制地提供地址。按保守方法估算 IPv6 实际可分配的地址，整个地球的每平方米面积上仍可分配 1000 多个地址。在 IPv6 的设计过程中除了一劳永逸地解决了地址短缺问题以外，还考虑了在 IPv4 中解决不好的其他问题，主要有端到端 IP 连接、服务质量（QoS）、安全性、多播、移动性、即插即用等。

目前来说，由于存在 NAT（网络地址转换）等技术，IPv4 资源紧张的趋势得到缓解，但是这毕竟不是终究的解决方法，但是由 IPv4 升级到 IPv6，所需要的代价非一家企业之力可以承受，需要从国家层面上推动。综观全球范围的其他国家，尤其是欧美日发达地区，目前 IPv6 的推进也不是很理想，主要是因为 IPv4 无法平滑地过渡到 IPv6，而是要重新构建一个 IPv6 的网络，此项工作实属不易。

思考与练习

（1）分别写出 A 类、B 类、C 类地址段内的私有 IP 地址段。

（2）A 类地址 59.39.100.2，默认情况下，它的子网掩码是多少，应该如何来表示？

（3）C 类地址 202.96.128.86，默认情况下，它的子网掩码是多少，应该如何来表示？

（4）IP 地址 10.155.155.254，当它的子网掩码分别为“/8”、“/16”、“/24”、“/25”、“/29”时，它的网络地址分别为多少？

（5）B 类 IP 地址的子网掩码为 255.255.255.248，则每个子网内的可用主机数为多少？

（6）C 类 IP 地址的子网掩码为 255.255.255.248，则能够提供的子网数为多少？

项目实训篇

项目 1
上网前的准备

项目目标

熟练掌握 IP 地址的配置方法。

项目分析

通过前面的学习，知道了一台计算机要想与其他主机进行通信，必须配置上相应的 IP 地址才可以，同时还要为该 IP 地址配置对应的子网掩码和网关。如果要实现计算机连接互联网，还必须配置对应的 DNS 才可以。通过本项目将学习掌握配置主机的 IP 地址和 DNS。

项目任务

任务　在 Windows 7 环境下，配置主机的 IP 地址。

任务 在 Windows 7 环境下，配置主机的 IP 地址

【任务描述】

某公司最近新招了一个业务员，公司为其配置了一台计算机。请帮助新业务员将其计算机接入公司网络，并为其计算机配置 IP 地址。相关配置信息为 IP 地址：10.155.155.178，子网掩码：255.255.255.0，默认网关：10.155.155.254，首选 DNS：202.96.128.86，备用 DNS：202.96.128.166。

【实训环境】

操作系统为 Windows 7 的计算机一台。

【实训步骤】

（1）单击计算机屏幕左下角的“”按钮，如项目图 1-1，找到“控制面板”，单击进入“控制面板”。

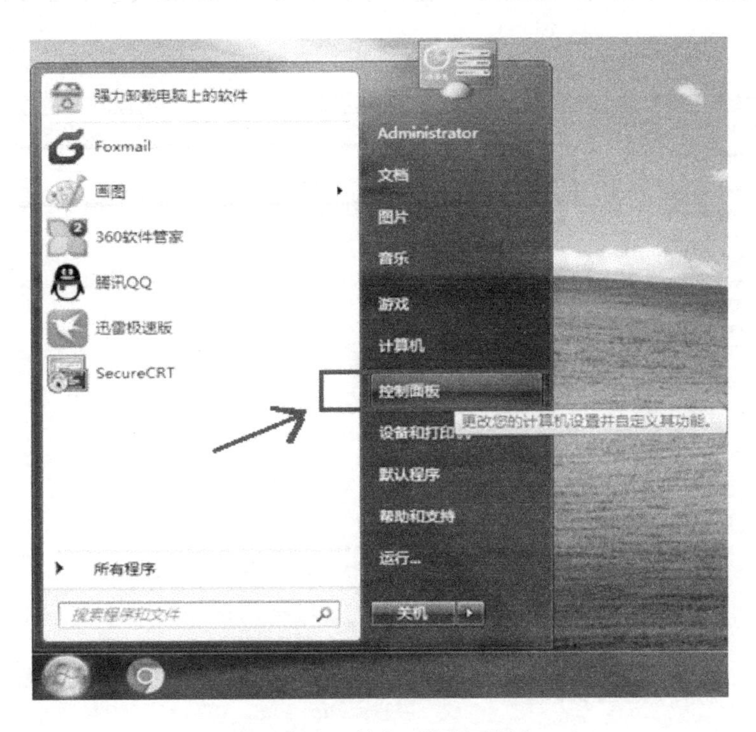

项目图 1-1 单击“控制面板”

（2）在出现的“控制面板”窗口中，单击“网络和 Internet”，如项目图 1-2 所示。

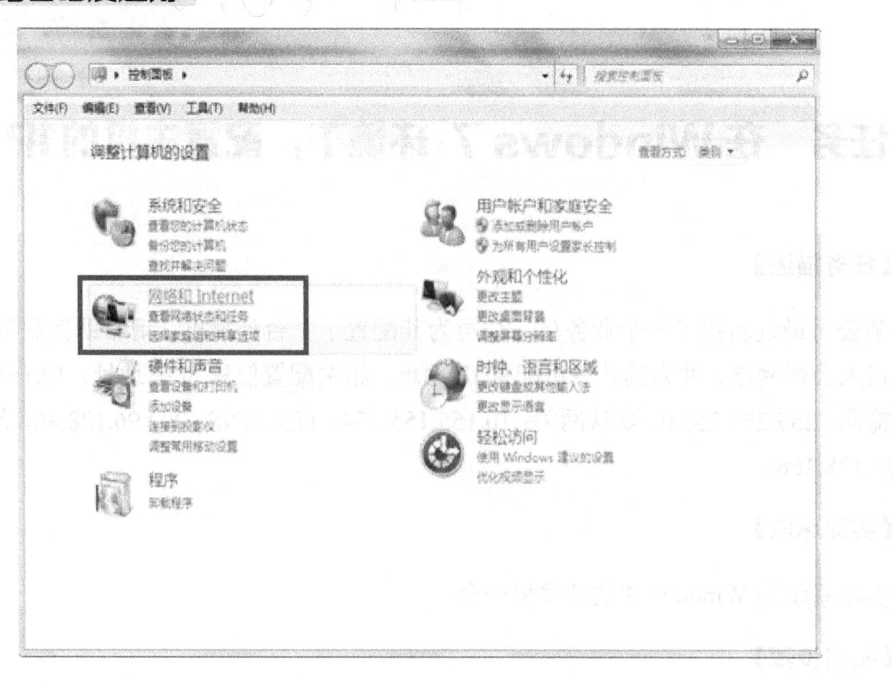

项目图 1-2　单击“网络和 Internet”

（3）在出现的“网络和 Internet”窗口中，单击“网络和共享中心”，如项目图 1-3 所示。

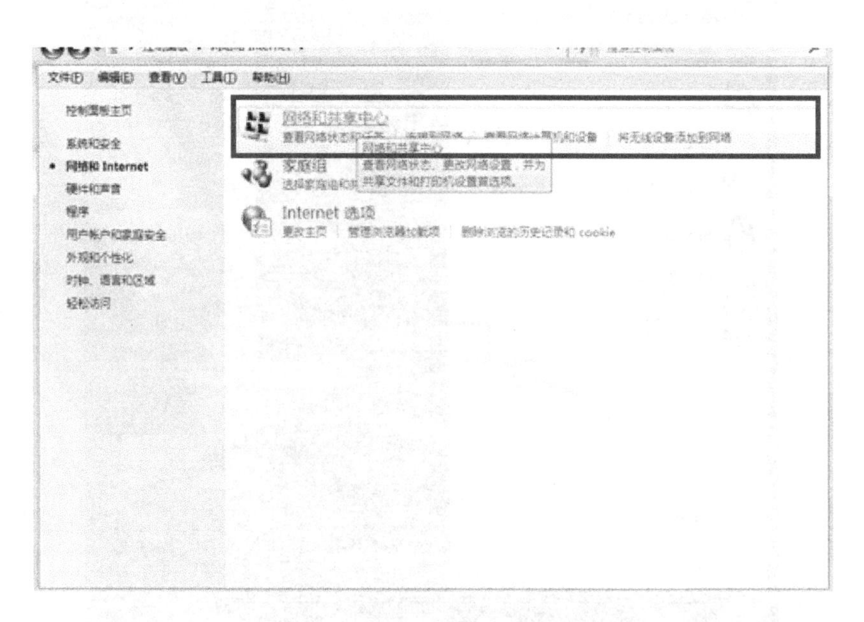

项目图 1-3　单击“网络和共享中心”

（4）在出现的“网络和共享中心”窗口中，单击左侧的“更改适配器设置”，如项目图 1-4 所示。

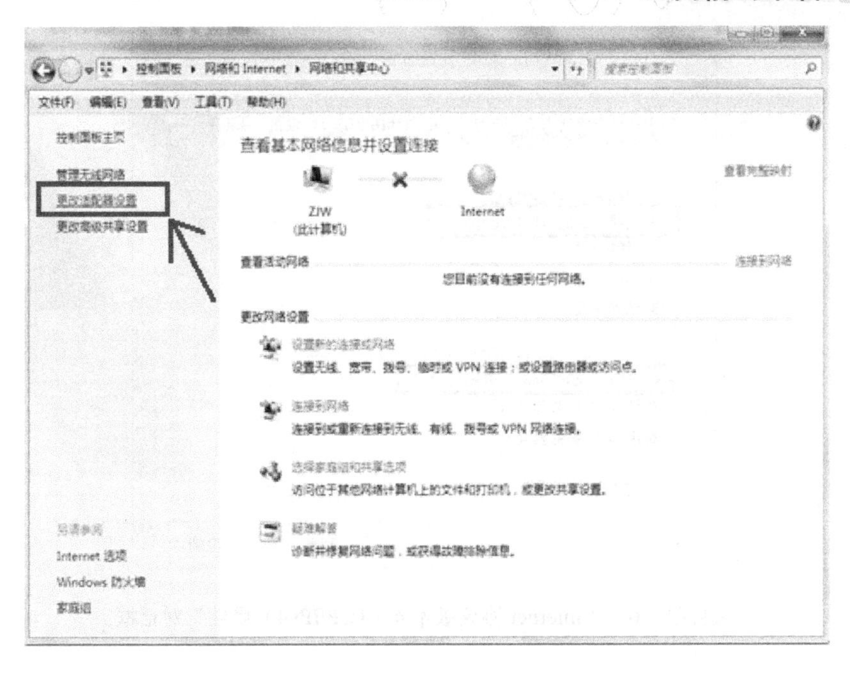

项目图 1-4 单击“更改适配器设置”

（5）在出现的“网络连接”窗口中，找到“本地连接”，右击“本地连接”，在弹出的菜单中单击“属性”，进入如项目图 1-5 所示“本地连接属性”对话框。

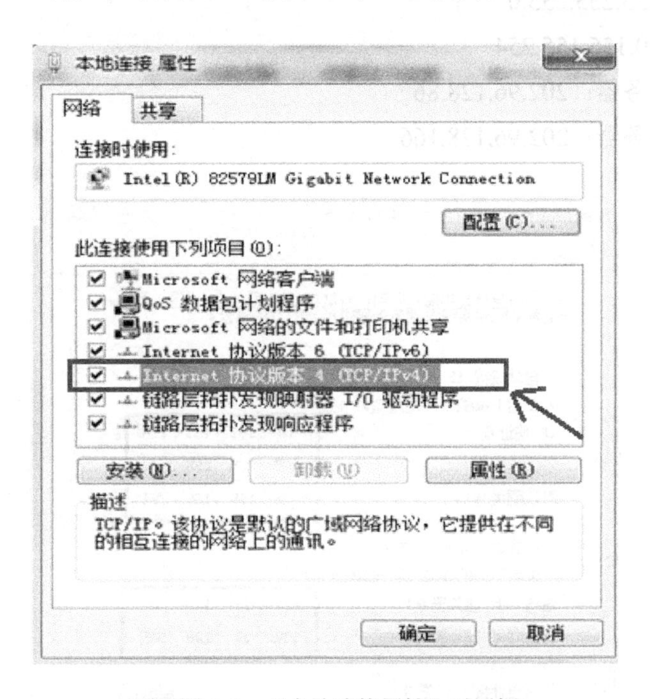

项目图 1-5 “本地连接属性”对话框

（6）在“本地连接属性”对话框中，选择“Internet 协议版本 4（TCP/IPv4）”，单击“属性”按钮，进入“Internet 协议版本 4（TCP/IPv4）属性”对话框，如项目图 1-6 所示。

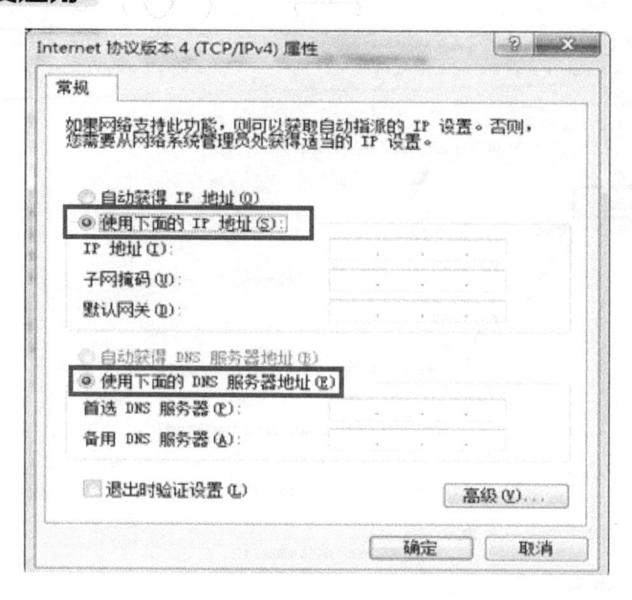

项目图 1-6 “Internet 协议版本 4（TCP/IPv4）属性”对话框

分别选择“使用下面的 IP 地址”和“使用下面的 DNS 服务器地址”。依次按照如下数据填写进去，如项目图 1-7 所示。

IP 地址：10.155.155.178

子网掩码：255.255.255.0

默认网关：10.155.155.254

首选 DNS 服务器：202.96.128.86

备用 DNS 服务器：202.96.128.166

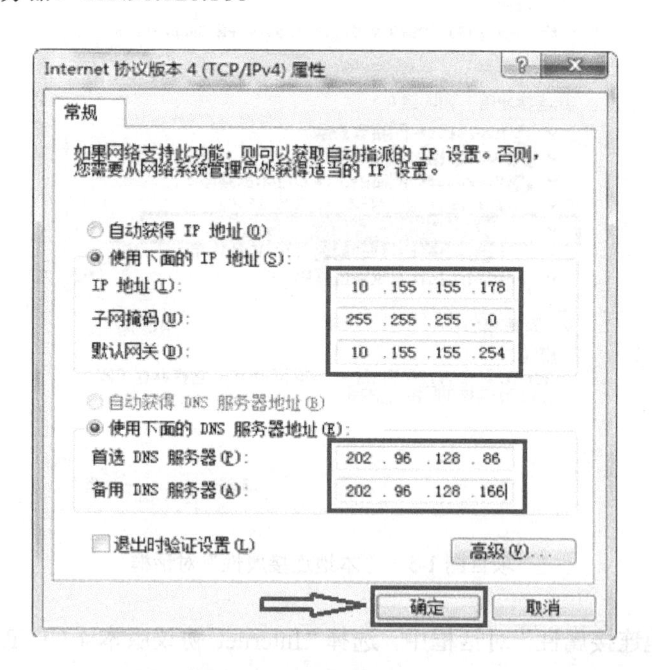

项目图 1-7 设置 Internet 协议版本 4（TCP/IPv4）属性

（7）设置完成之后，单击“确定”按钮退出属性对话框。

思考与练习

（1）不配置 DNS 服务器地址，测试主机是否可以上网。

（2）将两台主机的 IP 地址更改为 192.168.1.1/24 及 192.168.1.2/24，默认网关为空，测试两台主机是否连通。

项目 2
一起享受交换机的乐趣

项目目标

（1）理解交换机的工作过程。
（2）识别常见的通信线缆及接口。
（3）掌握双绞线的制作流程和测试方法。
（4）掌握交换机的基本配置。
（5）会利用交换机组建简单的局域网。

项目分析

通过前面的学习和实践，相信大家已经掌握了单台主机连接网络的基本知识。通过本章的学习，将全面理解如何利用交换机实现多台主机联网通信、掌握基本的通信线缆和相关接口等硬件知识，完成交换机的基本配置，从而实现对网络的管理。

项目任务

任务一　交换机的基本操作
任务二　利用双绞线制作符合工程规范的网线
任务三　利用交换机组建简单的局域网

任务一　交换机的基本操作

预备知识

背景描述

企业 A 为了提高客户的满意度，新成立了专门的客服部门，客服人员在日常的工作中，需要处理大量的客户对产品的反馈信息，同时要能够及时解决客户的问题，提高客户的感知度。企业为此利用交换机专门组建了客服与高层及售后的办公网，及时共享各种信息。

如何利用交换机组建一个企业网络，就是这一节内容要讨论的问题。

2.1 什么是交换机

2.1.1 交换机的由来

交换机起源于“网桥（Bridge)”，也叫集线器（HUB)。起初，人们为了实现资源共享，采用共享式网桥。随着数据通信网络规模的不断扩张，数据量剧增。共享式网桥无法满足现实对于数据交换的需求，于是独享以太网交换机出现了。相对于网桥来说，交换机最大的优点就是：背板带宽成倍的增加，每个端口都可以独享一条背板带宽。当端口需要发送数据的时候，不会与其他端口数据发生碰撞。项目图 2-1 和项目图 2-2 分别为集线器和交换机的实物图。

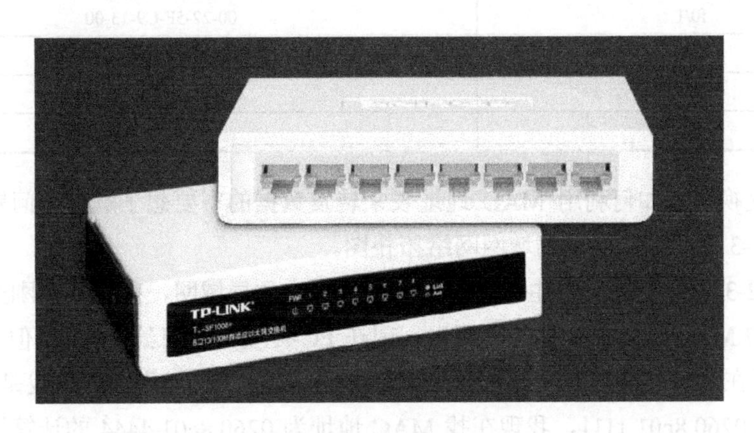

项目图 2-1　集线器

项目图 2-2　交换机

2.1.2　交换机如何来进行数据交换

交换机位于 OSI 七层参考协议的第二层——数据链路层，它能够读取数据报中的 MAC 地址信息并根据 MAC 地址来进行交换。相对于网桥来讲，它隔离了冲突域，所以交换机的每个端口都是单独的冲突域。

小知识》

冲突域：是指共享同一物理链路的所有节点产生冲突的范围。

广播域：是指所有收到同一广播信息的节点组成的范围。

交换机在进行数据交换的时候，依据的是内部的一张“MAC 地址表”。MAC 地址表里的内容有交换机的端口号和 MAC 地址，它们的关系是一一对应的，如项目表 2-1 所示。

项目表 2-1　MAC 地址表

端　口　号	MAC　地　址
f0/1	00-22-5F-C9-13-00
f0/2	00-22-5F-FF-47-03
f0/3	00-22-3E-C9-17-08
……	……

那么，交换机是如何利用 MAC 地址表来转发数据的？要想了解这个问题，需要先来看如项目图 2-3 所示的交换型局域网网络拓扑图。

项目图 2-3 显示的是一个由四台计算机组成的小型局域网，在设备刚刚开始启动的时候，交换机的 MAC 地址表是空的。假设，现在 PC-A 要发信息给 PC-D，但是 PC-A 不知道 PC-D 是否在这台交换机上，于是 PC-A 发了一个广播消息（内容为：我是 PC-A，我的 MAC 地址为 0260.8c01.1111，我现在找 MAC 地址为 0260.8c01.4444 的计算机）给交换机的所有接口。这时交换机就知道了 PC-A 的 MAC 地址是接在 E0 接口上的。于是交换机在

MAC 地址表中记录 PC-A 对应端口的信息，如项目图 2-4 所示。

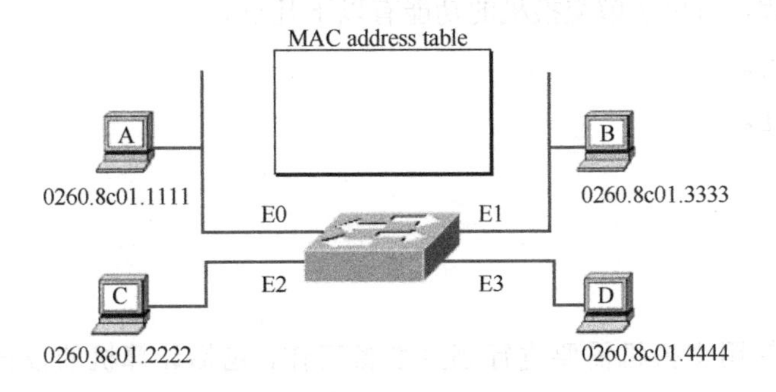

项目图 2-3 交换型局域网网络拓扑图

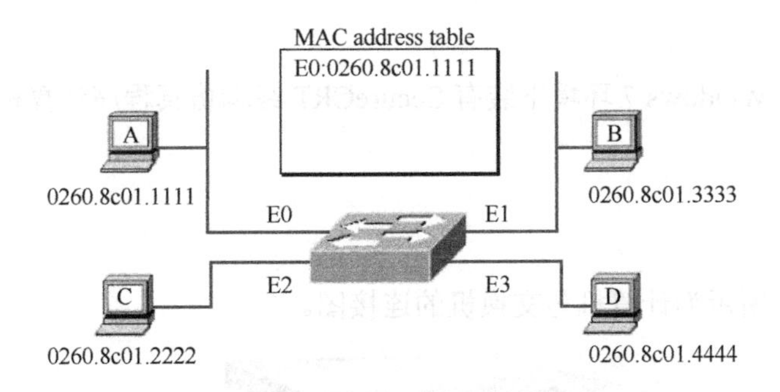

项目图 2-4 交换机学习 MAC 地址表

交换机的其他端口收到该广播消息后，转发给对应的主机，由主机核实是否是找自己的。如果不是，便丢弃该数据帧。PC-D 收到该数据帧后，同样会进行核实，核实发现确实是在寻找自己，于是 PC-D 也做一个回应（我就是你要找的计算机，我的 MAC 地址为 0260.8c01.4444），回应进入交换机的 E3 端口，这时交换机会记录下 E3 端口对应的 MAC 地址，如项目图 2-5 所示。

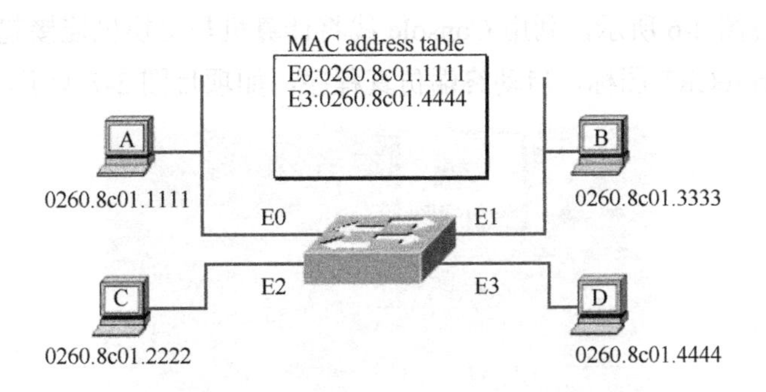

项目图 2-5 交换机学习 MAC 地址表过程

同时，PC-D 的回应不再进行全网段广播，而是由交换机直接通过查找 MAC 地址表，转发至 E0 接口。如果以后 PC-A 再和 PC-D 进行通信，就无需再进行广播了，直接查找 MAC 地址表就可以进行转发了。同时其他端口所接 PC 也进行同样的广播和回应后，交换机记录下其他端口的 MAC 地址与端口号码对照表，即 MAC 地址表。

通过以上过程，可以了解交换机的功能有以下几点。

（1）地址学习。

（2）转发过滤。

项目实施

【任务描述】

了解第一次使用交换机需要进行哪些准备工作，包括计算机的设置和交换机的基本操作。

【实训环境】

交换机 1 台，Windows 7 环境下装有 SecureCRT 终端仿真程序计算机一台，Console 线 1 条。

【网络拓扑】

如项目图 2-6 所示为计算机与交换机的连接图。

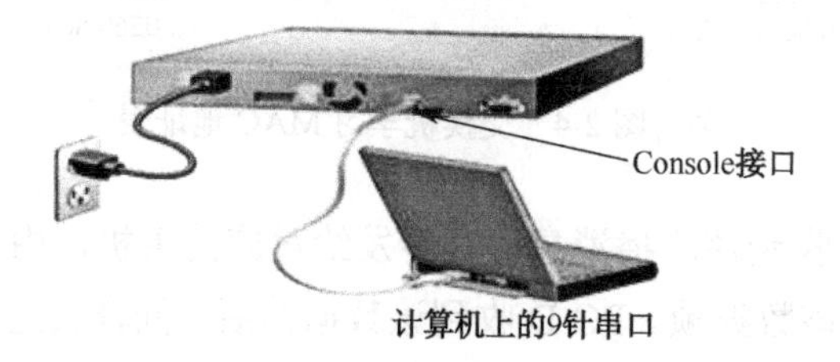

项目图 2-6　计算机与交换机的连接图

【实训步骤】

（1）按照项目图 2-6 所示，利用 Console 线将计算机与交换机连接起来。

（2）双击 SecureCRT 图标，启动终端仿真程序，如项目图 2-7 所示。

项目图 2-7　启动终端仿真程序

（3）在“快速连接”对话框中，“协议”选项应选择“Serial”，如项目图 2-8 所示。

项目图 2-8 在“快速连接”对话框中设置“协议”选项

（4）进入“快速连接”设置对话框，选择“端口”为COM1，“波特率”设置为9600，“数据位”为8，“奇偶校验”为None，“停止位”为1，如项目图2-9所示。

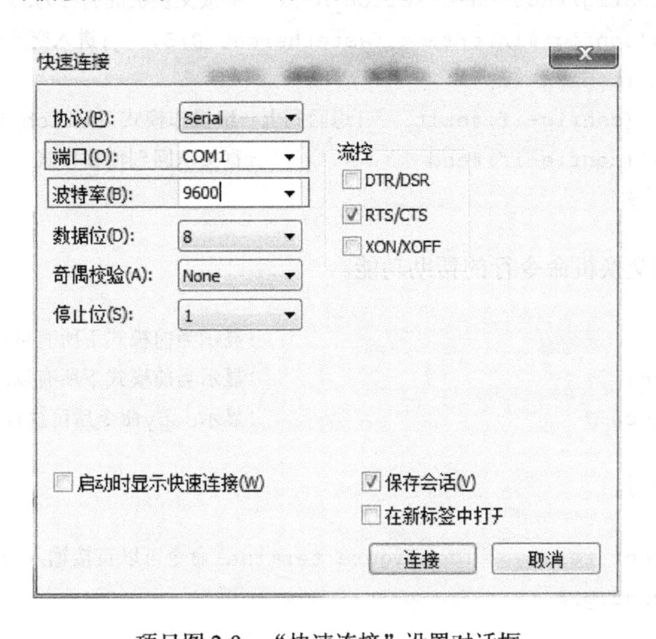

项目图 2-9 “快速连接”设置对话框

（5）单击“快速连接”设置对话框底部的“连接”按钮，进入交换机的配置界面，如项目图2-10所示。

（6）常用基本命令练习。

① 交换机命令行操作模式的进入。

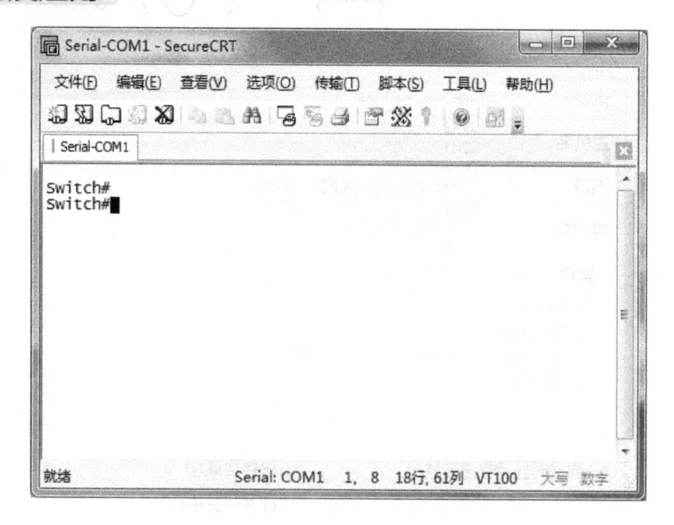

项目图 2-10 交换机的配置界面

```
switch>
switch>enable                          ! 进入特权模式
switch#configure terminal              !进入全局配置模式 switch(config)#
switch(config)#hostname switch_A       !更改交换机的名称为switch_A
switch_A(config)#interface fastethernet 0/5    !进入交换机的f0/5接口模式
switch_A (config-if) #
switch_A (config-if)#exit    !退回到上一级操作模式 switch_A (config)#
switch_A (config-if)#end               !直接退回到特权模式 switch_A #
switch_A #
```

② 巧妙利用交换机命令行的帮助功能。

```
switch>?                               !显示当前模式下所有可执行的命令
switch#co?                             !显示当前模式下所有以co开头的命令
switch#copy ?                          !显示copy命令后可执行的参数
```

③ 命令的简写。

```
switch#conf ter       !configure terminal命令可以直接输入con t
switch(config)#
```

④ 命令的自动补齐。

```
switch#con            !按Tab键自动补齐命令
 switch#configure
```

⑤ 命令的快捷键功能。

```
switch(config-if)#            !ctrl+Z快速退回到特权模式
switch#
```

任务二 利用双绞线制作符合工程规范的网线

预备知识

2.2 常见通信线缆介绍

在局域网中，最常见的通信线缆分为有线线缆和无线线缆，常见的有线线缆有双绞线、同轴电缆和光纤等。无线线缆有无线电波、红外线等。

（1）双绞线。

双绞线是最常见的通信线缆，俗称“网线”。如项目图 2-11 所示为双绞线的实物图，双绞线是由两根具有绝缘保护层的铜导线组成的。把两根绝缘的铜导线按一定密度互相绞在一起，每一根导线在传输中辐射出来的电波会被另一根线上发出的电波抵消，有效降低信号干扰的程度。生活中最常见的双绞线是由 4 对不同花色的铜线放在一个绝缘套管中组成的。

目前市场上的双绞线分为屏蔽双绞线（STP）和非屏蔽双绞线（UTP），相对于非屏蔽双绞线，屏蔽双绞线多了一层铝箔包裹，这样可以尽可能地减小辐射干扰，但也还是无法完全消除，而且屏蔽双绞线价格也相对较高。如项目图 2-12、项目图 2-13 所示为非屏蔽双绞线和屏蔽双绞线。

与其他传输方式相比，双绞线的传输距离最大不超过 100 米，但是由于其成本低廉，制作简单。因此得到了广泛的应用。

项目图 2-11 双绞线

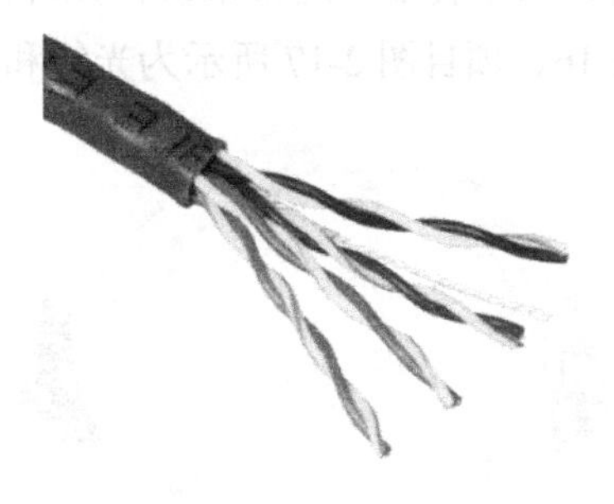

项目图 2-12 非屏蔽双绞线

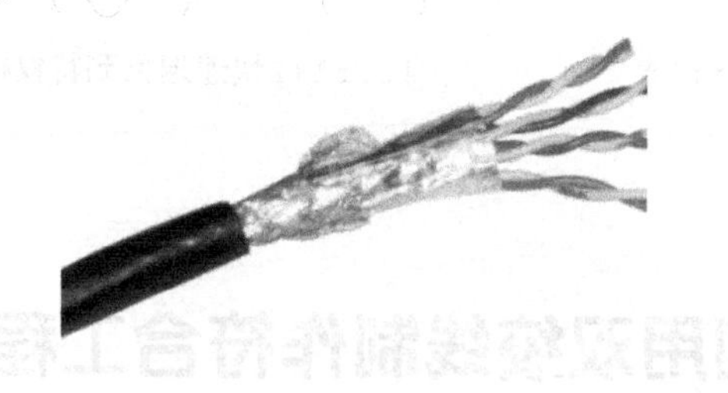

项目图 2-13　屏蔽双绞线

（2）同轴电缆。

家用电视信号传输线缆，就是同轴电缆的一种，它有两个同心导体，而导体和屏蔽层又共用同一轴心，因此称为同轴电缆。

目前工程中最常用的同轴电缆有 50Ω（电缆的特征阻抗）和 75Ω 两种。家用有线电视线就是 75Ω 的。如项目图 2-14、项目图 2-15 所示为同轴电缆和同轴电缆接头。

项目图 2-14　同轴电缆

项目图 2-15　同轴电缆接头

相对于双绞线和光纤来讲，同轴电缆的屏蔽性比双绞线要好，成本比光纤要低，因此在部分局域网中还大量使用，尤其是终端和传输线路当中。

（3）光纤。

光纤是由能够传递光信号的玻璃纤芯构成的，该玻璃纤芯由石英玻璃拉丝，同时在外面敷一层包层。玻璃纤芯相对于包层来讲，由于折射率较高，因此光信号可以通过全反射在光纤纤芯中传输。通常来讲，光纤的损耗率非常低，因此可以传播非常远的距离。如项目图 2-16、项目图 2-17 所示为光纤和光纤纤芯。

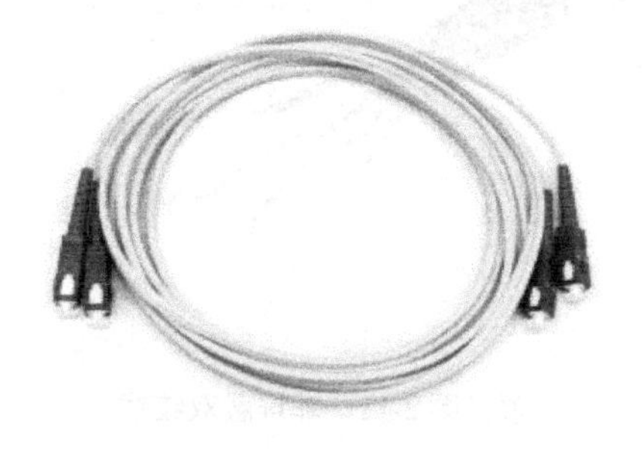

项目图 2-16　光纤

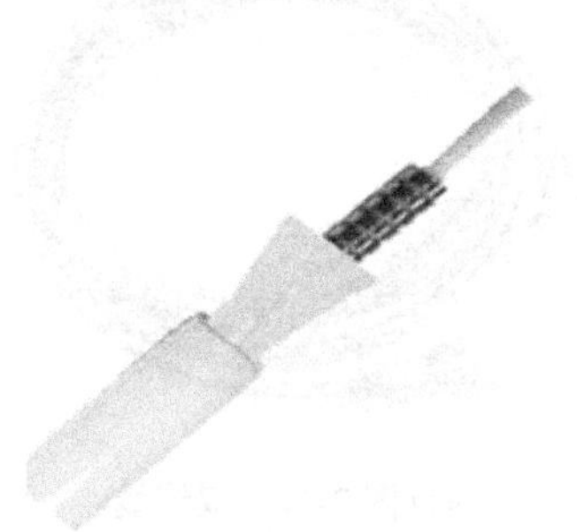

项目图 2-17　光纤纤芯

在工程上，光纤可以分为单模光纤和多模光纤两种。

单模光纤，只允许一束光线穿过光纤。因为只有一种模态，所以不会发生色散。使用单模光纤传递数据的质量更高，频带更宽，传输距离更长。单模光纤通常被用来连接办公楼之间或地理分散更广的网络，适用于大容量、长距离的光纤通信。它是未来光纤通信与光波技术发展的必然趋势。

多模光纤，允许多束光线穿过光纤。因为不同光线进入光纤的角度不同，所以到达光纤末端的时间也不同。这就是通常所说的模色散。色散从一定程度上限制了多模光纤所能实现的带宽和传输距离。正是基于这种原因，多模光纤一般被用于同一办公楼或距离相对较近的区域内的网络连接。

光纤通信的优点：

① 由于传输材质为玻璃，因此不受空间电磁干扰和雷击的影响。

② 制造玻璃的材质为石英，成本相比于铜线比较便宜，同时不用担心光缆被盗。

③ 光纤在通信过程中损耗非常小，可以传输非常远的距离。

④ 光纤通信的频谱非常宽，可以承载的带宽非常高。

（4）无线通信。

无线通信（Wireless Communication）是利用电磁波信号可以在自由空间中传播的特性，进行信息交换的一种方式。无线通信是近年以来，在信息通信领域中，发展最快，应用最为广泛的一种通信方式。例如，WiFi、4G、5G、蓝牙、RFID等。如项目图2-18所示为无线通信示意图。

项目图2-18 无线通信示意图

无线传输使用的频谱非常广，频谱范围为100MHz～300GHz。根据频率的不同，传输的距离一般为几十米到几千米。目前国际上主要在用的频段为300MHz～3500MHz。无线电波由于非常容易受到空间电磁干扰，因此在进行远距离传输时，每隔几千米就要建一个中继站，两个终端之间，通过若干中继进行传输语音、视频、数据业务。

了解了以上常见的通信线缆，下面将尝试制作一根网线。

最常见的双绞线的制作方法有两种：直连和交叉。

直连双绞线两端都按照 T568B 标准线序制作；交叉双绞线一端按照 T568B 标准制作，另一端按照 T568A 标准制作。

线序如下：

标准 T568B：橙白-1，橙-2，绿白-3，蓝-4，蓝白-5，绿-6，棕白-7，棕-8

标准 T568A：绿白-1，绿-2，橙白-3，蓝-4，蓝白-5，橙-6，棕白-7，棕-8

小知识》

对于以前的设备来讲，如果是同种设备之间（例如，路由器与路由器之间、交换机与交换机之间，以及 PC 与 PC 之间）需要用交叉双绞线来连接，不同设备之间（例如，路由器与交换机之间、交换机与 PC 之间）连线需要用直连双绞线来连接。但是随着技术的进步，现在的通信设备端口全部支持自适应技术。因此，现在设备之间的连线无需再纠结使用交叉双绞线和直连双绞线，全部都可以用，通信设备会根据线路自动调整收发引脚。

项目实施

【任务描述】

利用 5 类双绞线制作符合工程规范的 T568B 网线。

【实训环境】

5 类双绞线 2 条（1m 长）、RJ-45 连接器（水晶头）4 个、压线钳 1 把、剥线钳 1 把、测线器 1 台。

【网络拓扑】

如项目图 2-19 所示为网线制作实训图。

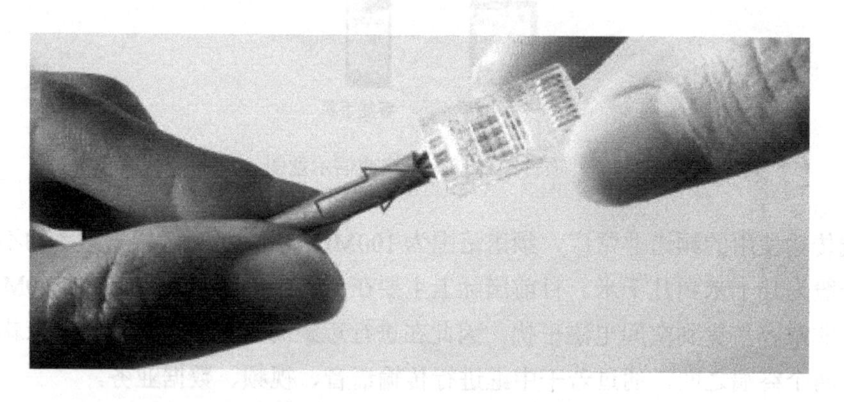

项目图 2-19　网线制作实训图

【实训步骤】

（1）用压线钳将双绞线一端的外皮剥去 3cm，然后按 T568B 标准顺序将线芯捋直并拢。

（2）将芯线放到压线钳切刀处，8 根线芯要在同一平面上并拢，而且尽量直，留下约 1.5cm 的线芯后，将其余部分剪掉。

（3）将双绞线插入 RJ45 水晶头中，插入过程中要注意均衡力度直到插到尽头，插入后要检查 8 根线芯是否已经全部充分、整齐地排列在水晶头里面，而且一定要让双绞线的外皮也插入水晶头的压线卡处，这样才能在压水晶头时将外皮也一同压紧，使得水晶头能够牢固耐用。

（4）用压线钳用力压紧水晶头完成网线接头的制作。网线的水晶接头制作完成后，还需要检查水晶头是否将双绞线的外皮卡紧，整个水晶头是否牢固可靠，要用力拉一下水晶头看是否能拉开。如果拉开了，表明这个水晶头没有卡紧，如果没有，代表卡紧了。

（5）一端的网线接头制作完成后，用同样的方法制作另一端的网线接头。最后将网线两端的接头分别插到双绞线测试仪上，打开测试仪。如果网线正常，则两排的指示灯都是按照次序一一对应同步亮起，如果指示灯没亮或者亮的顺序不对应，则说明网线接头有问题，应剪掉水晶接头，重新制作，直至测试通过为止。

（6）至此一根符合 T568B 工程规范的网线就制作好了。

掌握了制作常见通信线缆的技能，下面将学习如何利用交换机来组建最简单的局域网。

任务三 利用交换机组建简单的局域网

项目实施

【任务描述】

企业 A 为了提高客户的满意度，新成立了专门的客服部门，客服人员在日常的工作中，需要处理大量的客户对产品的反馈信息，同时要能够及时解决客户的问题，提高客户的感知度。企业为此利用交换机专门组建了客服部、行政部及财务部的办公网，及时共享各种信息。

【实训环境】

交换机 2 台（24 口）、计算机 3 台、网线（若干）。

【网络拓扑】

如项目图 2-20 所示为客服部、行政部和财务部的办公网络拓扑图。

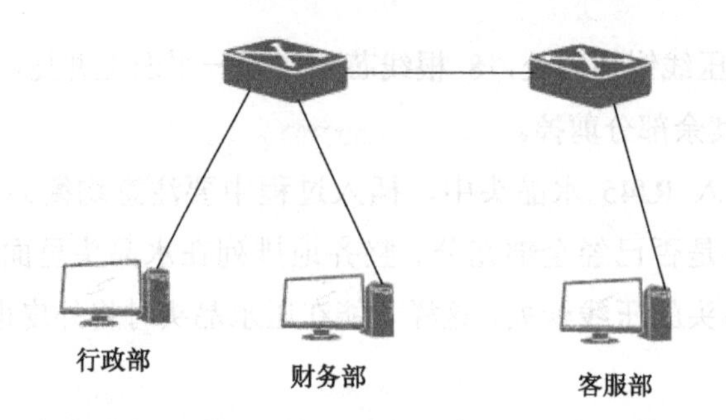

项目图 2-20　客服部、行政部和财务部的办公网络拓扑图

【IP 地址规划】

办公网络中各部门的 IP 地址规划如项目表 2-2 所示。

项目表 2-2　IP 地址规划

部　门	IP 地 址	子 网 掩 码
行政部	192.168.1.10	255.255.255.0
财务部	192.168.1.11	255.255.255.0
客服部	192.168.1.12	255.255.255.0

【实训步骤】

（1）确定传输介质。本实训利用之前已经制作好的、符合 T568B 工程规范的 5 类屏蔽双绞线。

（2）设备选型。本实训采用 2 台中兴通讯 ZXR10 3950 交换机。在工作台上，摆放好组建办公网络的设备：计算机和交换机。交换机和计算机摆放平稳，端口方向正对，以方便随时拔插线缆。

（3）安装连接设备。在设备断电状态，把双绞线一端插入到计算机网卡端口，另一端插入到集线器端口中。插入时注意按住双绞线的上翘环片，能听到清脆“咔嚓”声，轻轻回抽不松动即可。

（4）接通电源。给所有设备接通电源，集线器在接通电源的过程中，所有端口红灯闪烁，设备自检端口。当连接设备的端口处于绿灯状态时，表示网络连接正常，网络处于稳定状态。

（5）配置主机 IP。办公网络安装成功后，按照项目表 2-2 所示 IP 地址规划，对各部门计算机进行 IP 地址配置。

（6）测试。打开客服部计算机里面的 DOS 对话框（开始→输入:cmd→回车），输入：

Ping 192.168.1.10 回车（注：测试前，须关闭对方防火墙），如果返回的是如项目图 2-21 所示结果，则代表客服部与行政部之间的办公网络已经畅通了。如果返回的是如项目图 2-22 所示结果，则代表客服部与行政部之间的办公网络还未接通。

```
C:\Users\Administrator>ping 192.168.1.10

正在 Ping 192.168.1.10 具有 32 字节的数据:
来自 192.168.1.10 的回复: 字节=32 时间=8ms TTL=255
来自 192.168.1.10 的回复: 字节=32 时间=9ms TTL=255
来自 192.168.1.10 的回复: 字节=32 时间<1ms TTL=255
来自 192.168.1.10 的回复: 字节=32 时间<1ms TTL=255

192.168.1.10 的 Ping 统计信息:
    数据包: 已发送 = 4, 已接收 = 4, 丢失 = 0 (0% 丢失),
往返行程的估计时间<以毫秒为单位>:
    最短 = 0ms, 最长 = 9ms, 平均 = 4ms
```

项目图 2-21　客服部与行政部测试 1

```
C:\Users\Administrator>ping 192.168.1.10

正在 Ping 192.168.1.10 具有 32 字节的数据:
请求超时。
请求超时。
请求超时。
请求超时。

192.168.1.10 的 Ping 统计信息:
    数据包: 已发送 = 4, 已接收 = 0, 丢失 = 4 (100% 丢失),
```

项目图 2-22　客服部与行政部测试 2

运用同样的方法，利用客服部的计算机，测试到达财务部的网络是否畅通？

思考与练习

（1）简述集线器、交换机的基本功能。

（2）简述交换机的工作过程。

（3）制作一根符合工程规范的 T568A 标准网线。

项目3
认识路由器

项目目标

（1）深入理解路由的概念和路由器的工作原理。
（2）掌握路由表的内容。
（3）识别常见的路由的分类。
（4）重点掌握静态路由概念和配置方法。

项目分析

经过前面对局域网搭建任务的理论学习和任务训练，大家已经具备了利用交换机组建局域网和维护局域网的能力。如何实现局域网之间的互联互通，将是本项目重点介绍的内容。

本项目将介绍静态路由协议的原理及其配置，通过典型任务的训练，来实现网络间的互联。

项目任务

任务一　路由器的基本操作
任务二　静态路由的基本配置
任务三　静态路由的配置进阶

任务一 路由器的基本操作

预备知识

背景描述

如项目图 3-1 所示为某市局部地图，小明上学从家里 A 出发，到达学校 D，他会选择走哪一条路呢？是 A→B→C→D，还是 A→F→E→D，或者 A→B→E→D？他可能会有几个考虑，比方说坐校车？走路？或者临时去一个地方然后再去上学等等。根据不同的需求，走不同的路。十字路口解决的就是行人从原地址走到目的地，如何选路的问题。

实际上，路由器就是互联网络中的“十字路口”。

将项目图 3-1 中的十字路口全部换成路由器，学校换成服务器，家庭换成计算机，由这些网络设备组成的互联网示意图如项目图 3-2 所示。例如，如果要访问 QQ 网站，只需在浏览器里输入 www.qq.com 然后确定，数据请求包就会通过路由器网络到达 QQ 网站的服务器，那么数据报会选择哪一条路径到达服务器呢？假如数据报计划是选择 PC→RF→RE→RD→RA→Server 这条路径到达服务器，但是现在 RF→RE 中间线路中断了，那么选择这条路径就无法到达服务器了，如果数据报还是要选择这条路径，网络就会中断。

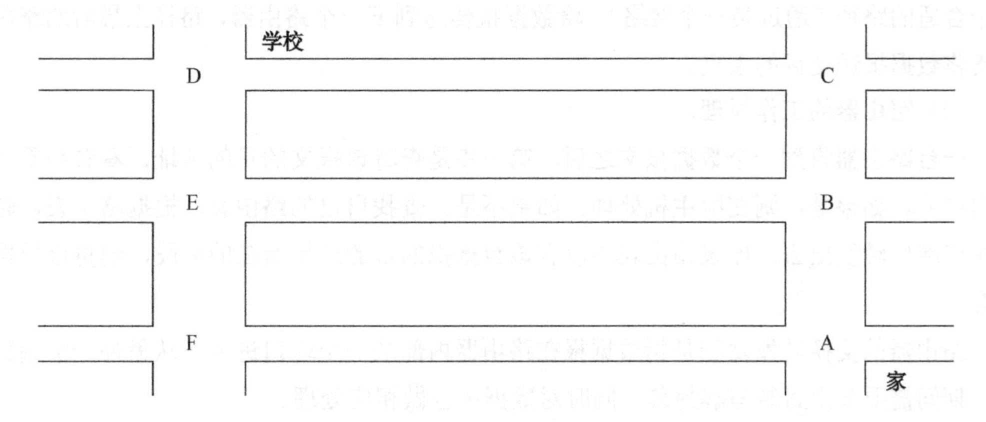

项目图 3-1 某市局部地图

那么，数据报如何选择最优路径？如何又方便又快捷地到达目的地址？如何在网络中断的时候，迅速切换到另外一条线路上？等这些问题就是这一项目所要讨论的内容。

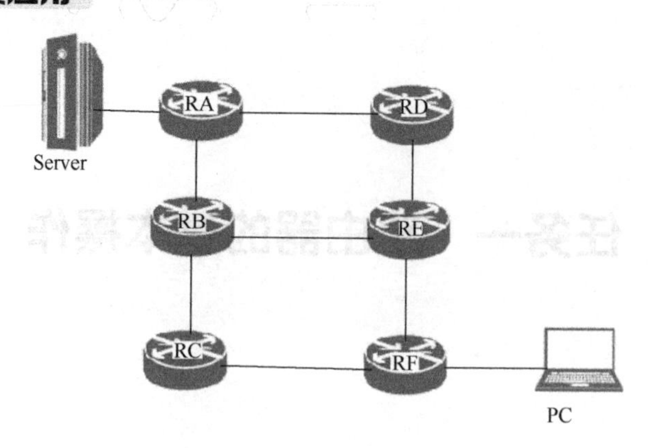

项目图 3-2　互联网示意图

3.1 路由基础

3.1.1 路由是什么

互联网是由不同的网络相互连接而成。路由器就是用于连接这些不同网络的网络设备。从而实现，数据报在不同网络之间的转发。

（1）路由的定义。

路由就是指导 IP 数据报发送的路径信息。例如，背景描述中小明选择走 A→B→C→D 这条路，这就是一条路由。

在互联网中进行路由选择要使用路由器，路由器根据所收到的数据报的目的地址选择一个合适的路径（通过某一个网络），将数据报传送到下一个路由器，路径上最后的路由器负责将数据报送交目的主机。

（2）路由器的工作原理。

一台路由器收到一个数据报文之后，第一步是查看该报文的目的地址，看看是不是发给自己的。如果是，则交给主机处理；如果不是，查找自己的路由表，根据路由表，转发至相应端口转发出去。如果路由表中没有该数据报的目的地址所在的网段，则将该数据报丢弃。

路由器的交换转发功能是指数据报在路由器内部从一个端口进入，从另外一个端口转发，期间需要多次封装与解封装，同时对数据报也做相应处理。

3.1.2 路由表又是什么

（1）路由表的定义。

路由表（Routing Table）：在路由器中保存着各种传输路径的相关数据供路由选择时

使用。

路由器根据接收到的 IP 数据报的目的网段地址查找路由表决定转发路径。

路由表中需要保存着子网的标志信息、网上路由器的个数和要到达此目的网段需要将 IP 数据报转发至哪一个下一跳相邻设备地址等内容，以供路由器查询使用。

路由表被存放在路由器的 RAM 上，这意味着路由器如果要维护的路由信息较多时，必须有足够的 RAM 空间，而且一旦路由器重新启动，那么原来的路由信息都会消失。

举个现实生活中的路由表的例子：

小明的目的地是厚街万达广场，当小明站在十字路口不知道该走哪一条路时，如果小明看到项目图 3-3 所示的十字路口路标，这个“路由表”时就可以帮助他找到目的地？

项目图 3-3　十字路口的路标

路由表是路由器中最为重要的一项内容，所有的一切额外开销都是为了计算路由表。有了路由表，每当路由器收到一个数据报，路由器只需要看一下数据报的目的地址，然后查找路由表，依照路由表直接转发就可以了。

（2）路由表的内容。

① 目的网络地址（Destination）：用于标识 IP 数据报要到达的目的逻辑网络或子网地址。

② 子网掩码（Mask）：与目的地址一起来标识目的主机或路由器所在网段的地址。将目的地址和网络掩码“逻辑与”后可得到目的主机或路由器所在网段的地址。

③ 下一跳地址（Gateway）：与承载路由表的路由器相接的相邻的路由器的端口地址，有时也将下一跳地址称为路由器的网关地址。

④ 发送的物理端口（Interface）：数据报离开本路由器去往目的地址时将经过的接口。

⑤ 路由信息的来源（Owner）：表示该路由信息是怎样学习到的。路由表可以由管理员手工建立（静态路由表）；也可以由路由选择协议自动建立并维护。路由表不同的建立方

式即为路由信息的不同学习方式。

⑥ 路由优先级（Priority）：也叫管理距离（AD），是用于决定来自不同路由来源的路由信息的优先权的。

⑦ 度量值（Metric）：度量值用于表示相应一条路由可能需花费的代价，因此在相同路由中，优先级相同的即认为度量值最小的路由就是最佳路由。

小知识 》

一台路由器上可以同时运行多个路由协议。不同的路由协议都有自己的标准来衡量路由的好坏（有的采用下一跳次数、有的采用带宽、有的采用延时，一般在路由数据中使用度量值 Metric 来量化），并且每个路由协议都把自己认为是最好的路由送到路由表中。这样到达一个同样的目的地址，可能有多条分别由不同路由选择协议学习来的路由信息。虽然每个路由选择协议都有自己的度量值，但是不同协议间的度量值含义不同，也没有可比性。

3.1.3 路由器查找路由表的原则

在路由器中，路由查找遵循的是“最长匹配原则”。所谓的最长匹配就是路由查找时，使用路由表中到达同一目的地址的子网掩码最长的路由。如项目图 3-4 所示，相对于上述的去往 10.1.1.1 的数据报，在路由表中，可同时有三条路由显示可以为此数据报进行转发，分别是 10.0.0.0、10.1.0.0 和 10.1.1.0。根据最长匹配原则，10.1.1.0 这个条目匹配到了 24 位，因此，去往 10.1.1.1 的数据报用 10.1.1.0 的路由条目提供的信息进行转发，也就是从 fei_0/1.3 进行转发。

ZXR10#show ip route
IPv4 Routing Table:

Dest	Mask	Gw	Interface	Owner	pri	metric
1.0.0.0	255.0.0.0	1.1.1.1	fei_0/1.1	direct	0	0
1.1.1.1	255.255.255.255	1.1.1.1	fei_0/1.1	address	0	0
2.0.0.0	255.0.0.0	2.1.1.1	fei_0/1.2	direct	0	0
2.1.1.1	255.255.255.255	2.1.1.1	fei_0/1.2	address	0	0
3.0.0.0	255.0.0.0	3.1.1.1	fei_0/1.3	direct	0	0
3.1.1.1	255.255.255.255	3.1.1.1	fei_0/1.3	address	0	0
10.0.0.0	255.0.0.0	1.1.1.1	fei_0/1.1	ospf	110	10
10.1.0.0	255.255.0.0	2.1.1.1	fei_0/1.2	static	1	0
10.1.1.0	255.255.255.0	3.1.1.1	fei_0/1.3	rip	120	5
0.0.0.0	0.0.0.0	1.1.1.1	fei_0/1.1	static	0	0

项目图 3-4 路由表示例

项目实施

【任务描述】

了解第一次使用路由器，需要准备哪些操作，掌握路由器的命令行基本操作和端口 IP 的配置。

【实训环境】

路由器 1 台，Windows 7 环境下装有 SecureCRT 终端仿真程序计算机一台，Console 线 1 条。

【网络拓扑】

如项目图 3-5 所示为计算机与路由器的连接图。

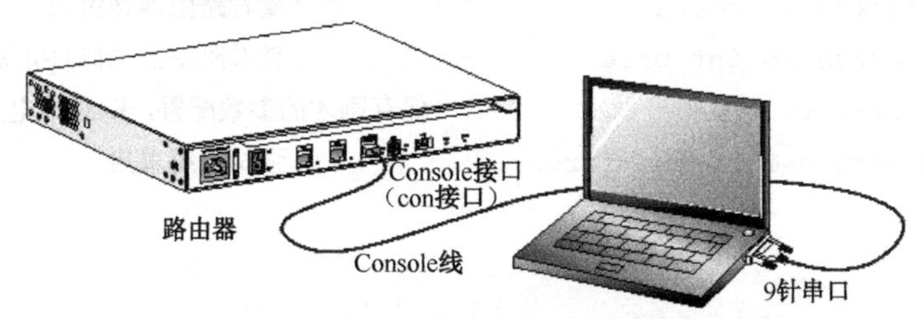

项目图 3-5 计算机与路由器的连接图

【实训步骤】

（1）按照网络拓扑，利用 Console 线把计算机与路由器连接起来。

（2）进入终端仿真程序 SecureCRT，运用之前学习的内容利用 CRT 程序建立 Serial 串口连接路由器，从而进入路由器。

注意：

本实验采用的是 ZXR10-1800 路由器，波特率为 115200，如果是其他厂家的路由器，请参考设备说明书。

（3）掌握路由器的命令行操作模式，主要包括：用户模式、特权模式、全局配置模式、端口模式等，以及各种模式之间的切换。

```
ZXR10>                                  !用户模式
ZXR10>enable                            !进入特权模式
Password:                    (输入的密码不在屏幕上显示)
ZXR10#username zte password 123456
             !设置远程登录路由器的用户名为zte，密码为123456
ZXR10#config t                               !按Tab自动补全
ZXR10#config terminal                        !进入全局配置模式
ZXR10(config)#hostname BJ-Router             !将路由器名字更改为BJ-Router
```

```
BJ-Router(config)#interface  gei-2/1      !进入端口配置模式
BJ-Router(config-if)#ip add 192.168.1.1  255.255.255.0
                                          !配置端口gei-2/1的IP地址
BJ-Router(config-if)#no shutdown          !将端口打开
BJ-Router(config-if)#speed 10/100
                                  !将路由器端口速率更改为10M/100M，只选其一
BJ-Router(config-if)#duplex full          !配置端口模式为全双工
BJ-Router(config-if)#shutdown             !手工关闭端口
BJ-Router(config-if)#exit                 !退出端口配置模式
BJ-Router(config)#end                     !直接退至特权模式
BJ-Router#show running-config             !查看路由器所有配置
BJ-Router#show int gei-2/1                !查看gei-2/1的端口所有信息
BJ-Router#sh version                      !查看路由器版本
BJ-Router#sh ip route                     !查看路由器路由表
BJ-Router#sh ip int brief                 !查看路由器端口IP汇总
BJ-Route#write                    !保存刚才的参数配置，防止掉电重启丢失
BJ-Route#reload system force              !强制系统重启
```

小知识 》

在输入操作命令时可以使用键盘上的“↑”或者“↓”按键调用之前刚刚输入使用过的命令，对于要输入特别长或者特别复杂的命令时非常方便，系统默认最多纪录 10 条之前使用过的命令。

任务二　静态路由的基本配置

预备知识

3.2 路由的分类

根据路由表的形成过程，路由可以分为以下三类。

（1）直连路由。

直连路由，顾名思义，就是与路由器直接相连的路由条目。

（2）静态路由。

静态路由，就是由网络管理员，根据网络拓扑的规划，手工配置的路由条目。

（3）动态路由。

由路由器根据相应的路由算法，自动生成的路由条目，称为动态路由。

3.2.1 直连路由

当路由器的接口配置了 IP 地址且处于打开状态（即 UP 状态）时，即物理连接正常，并且可以正常检测到数据链路层协议的 Keepalive 信息时，接口上配置的网段地址会自动出现在路由表中并与接口关联，该路由被称为直连路由。

在路由表中，直连路由用 direct 或者一个单独的字母“C”来表示，直连路由的优先级为 0，即拥有最高的优先级，度量值（Metric）为 0，即拥有最小的度量值。

直连路由会随接口的状态变化在路由表中自动变化，当接口的物理层与数据链路层状态正常时，此直连路由会自动出现在路由表中，当路由器检测到此接口 DOWN 掉后此条路由会自动消失。

如项目图 3-6 所示网络拓扑图，两台计算机分别与 ZXR10-2809 路由器相连，项目图 3-7 所示为路由表中直连路由的表示方式。

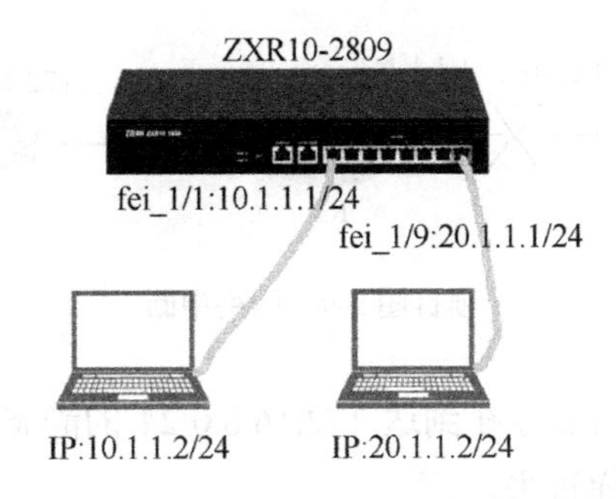

项目图 3-6 网络拓扑图

```
ZXR10#sh ip route
IPv4 Routing Table:
Dest           Mask             Gw          Interface   Owner    Pri Metric
10.1.1.0       255.255.255.0    10.1.1.1    fei_1/1     direct   0   0
10.1.1.1       255.255.255.255  10.1.1.1    fei_1/1     address  0   0
20.1.1.0       255.255.255.0    20.1.1.1    fei_1/8     direct   0   0
20.1.1.1       255.255.255.255  20.1.1.1    fei_1/8     address  0   0
```

项目图 3-7 路由表中直连路由的表示方式

3.2.2 静态路由

由网络管理员手工配置的路由条目属于静态路由。静态路由最大的优点就是不占用网络和系统资源，安全性比较高。其缺点是当一个网络节点发生故障后，静态路由不会自动修正，必须由网络管理员手工修正。因此静态路由不能自动地随着网络拓扑的变化做出相应的调整。

判断一条静态路由是否有效，主要取决于它的下一跳地址是否可以到达。如项目图 3-8 所示网络拓扑中，R1 路由器里面含有到达目的网段为 172.16.8.0/24 的一条静态路由，要测试这一条静态路由是否有效，只需要知道下一跳 R2 中的 1.1.1.1 是否可以正常到达即可。

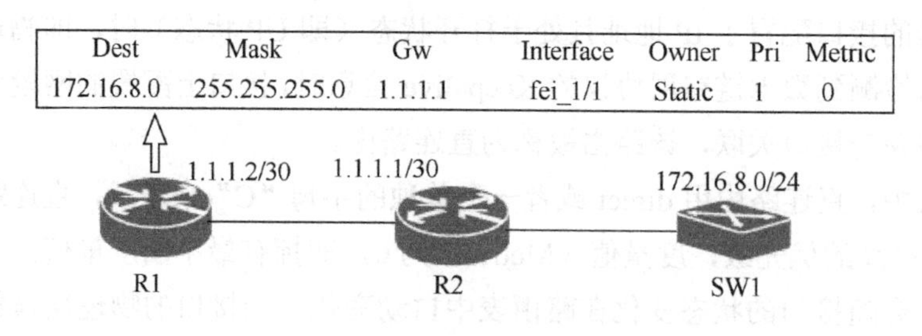

项目图 3-8 网络拓扑

如果 R1 到 R2 的线路中断，如项目图 3-9 所示。

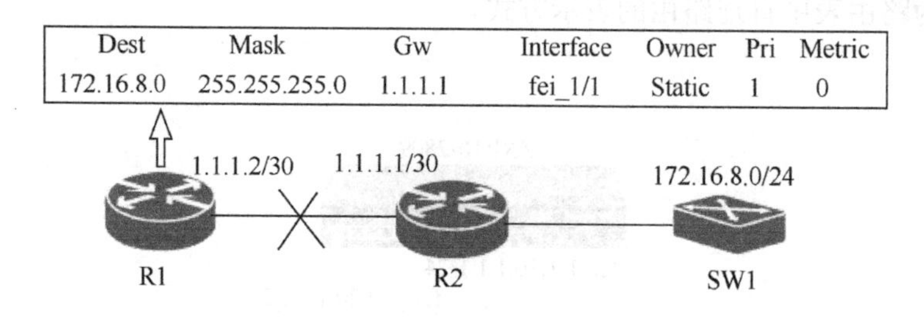

项目图 3-9 网络中断

虽然此时路由器 R1 中仍然存在到达 172.16.8.0/24 的静态路由，但是这条路由是无效的，因为数据报根本无法传递过去。

在路由表中，静态路由用 Static 或者一个单独的字母“S”来表示，静态路由的优先级为 1，度量值（Metric）为 0，即拥有最小的度量值。

（1）静态路由的单向性。

如项目图 3-10 所示的静态路由示例中，路由器 R1 配置了一条到 172.16.8.0/24 网段的静态路由，那么，PC1 是不是就可以和 PC2 通信了呢？答案是否定的。

具体来说，PC1 发出的请求（Request）数据报的确可以正常到达 PC2，但是，通信必须是双向的。在 PC2 准备将相应的回应数据报（ACK）发给 PC1 的时候，当 ACK 到达 R2 时却发现，R2 中没有到达 PC1 的路由。也就是说，数据报可以从 PC1 到 PC2，但不能从 PC2 到 PC1。对于 R1 来讲，它没有收到回应数据报，它就认为 PC1 与 PC2 之间是不通的。

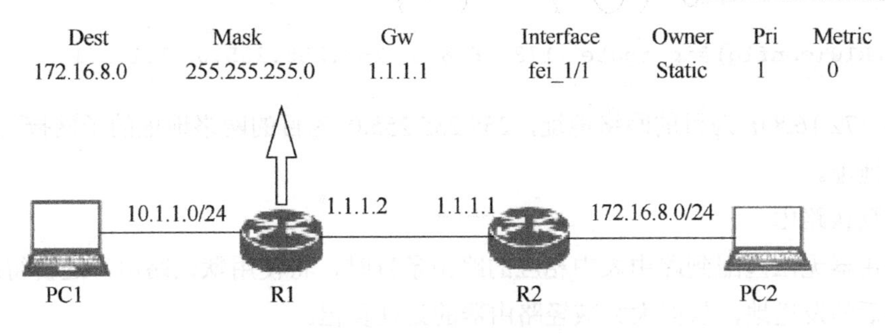

项目图 3-10 静态路由示例

例如，人们在打电话时，如果连续了好几声“喂”之后，依然无法收到对方的回话，就会认为这次电话无法接通。

因此，必须在路由器 R2 上配置一条回程路由，如项目图 3-11 所示，增加回程路由之后，PC1 就可以和 PC2 顺利通信了。

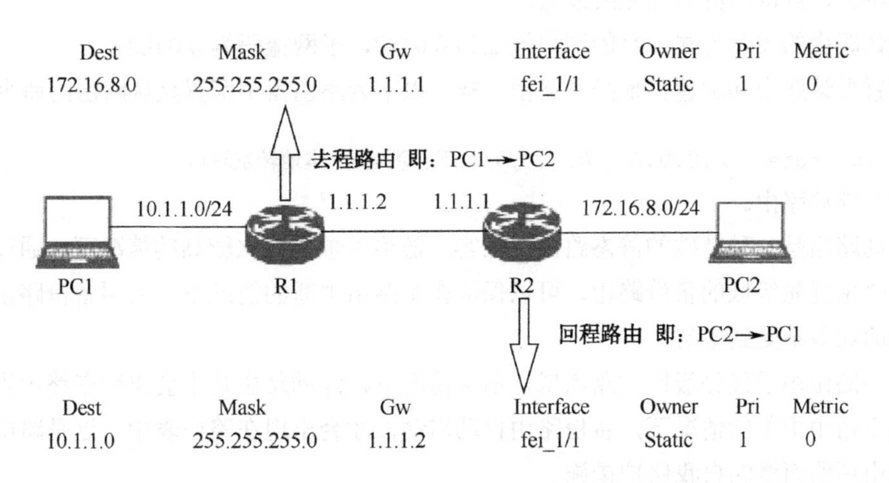

项目图 3-11 静态路由的单向性

综上所述，由于静态路由存在“单向性”，所以在手工配置的时候，千万记得配置回程路由。

在一台路由器上配置一条静态路由条目的命令一般由以下 3 部分组成。

① 启动静态路由命令。

② 目的网络地址、目的网络地址的子网掩码。

③ 下一跳地址或者本地转发端口。

以下为路由器中配置静态路由的命令格式：

```
ip route | 目的网络地址 | 子网掩码 | 下一跳地址/本地转发端口
```

以项目图 3-10 为例，在路由器 R1 中配置静态路由命令如下：

```
ZXR10(config)#ip route  172.16.8.0  255.255.255.0  1.1.1.1
```

其中 172.16.8.0 为目的网络地址，255.255.255.0 为目的网络地址的子网掩码，1.1.1.1 为下一跳地址。

（2）默认路由。

当路由器无法匹配到路由表中相应的路由条目时，将使用默认路由，这使得路由表中有一个最后的发送地，从而大大减轻路由器的处理负担。

默认路由通常用于没有明确目的地址的情况。

如果一个报文不能匹配上路由表中任何路由条目，那么这个报文只能被路由器丢掉，而将报文丢向“未知”的目的地址是路由器所不希望的，为了使路由器完全连接，就必须有一条路由连到某个网络上。路由器既要保持完全连接，又不需要记录每个单独路由时，就可以使用默认路由。通过默认路由，可以指定一条单独的路由来表示所有的其他路由。

在默认情况下，在路由器路由表中，直连路由的优先级最高，其次为静态路由，再次为动态路由，默认路由的优先级最低。

默认路由的表示方式：目的网络地址为 0.0.0.0，子网掩码为 0.0.0.0。

配置默认路由和配置其他静态路由一样，以下为路由器中配置默认路由的命令格式：

```
ip route | 0.0.0.0 | 0.0.0.0 | 下一跳地址/本地转发端口
```

（3）浮动路由。

浮动路由是一种特殊的静态路由，在客户链路质量要求比较高的情况下，通过配置一条比主路由优先级低的备份路由，可以保证在主路由中断的情况下，启用备份路由，从而使客户的业务不受到影响。

浮动路由由于优先级比主路由低，通常情况下，浮动路由是不会出现在路由表中的，只有当主路由中断的情况下，备份路由自动启动，才会出现在路由表中，这是路由器为了防止路由环路而做的自我保护措施。

浮动路由的配置命令：

```
ip route | 目的网络地址 | 子网掩码 |下一跳地址 | 优先级 | tag | 路由标记
```

项目实施

【任务描述】

在某校的一堂实训课上，需要学生通过计算机上的浏览器来访问 A 网站。即在浏览器里输入 A 网站的网址来获取 A 网站的内容。

【实训环境】

路由器 2 台，计算机 1 台，服务器 1 台，网线若干。

【网络拓扑】

如项目图 3-12 所示为实训任务的网络拓扑图。

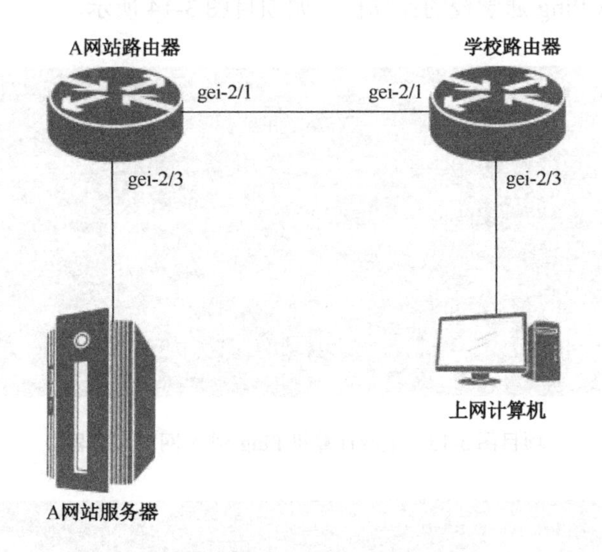

项目图 3-12 网络拓扑图

【IP 地址规划】

如项目表 3-1 所示为实训任务的 IP 地址规划表。

项目表 3-1 IP 地址规划表

	端 口	IP 地 址
学校路由器	gei-2/3	10.1.1.1/24
	gei-2/1	192.168.1.1/30
A 网站路由器	gei-2/3	20.1.1.1/24
	gei-2/1	192.168.1.2/30
上网计算机		10.1.1.2/24
A 网站服务器		20.1.1.2/24

【实训步骤】

（1）根据背景描述，理解问题需求，规划出 IP 地址表。

（2）根据背景描述需求，画出网络拓扑图，并标出对应设备的端口号。

（3）根据网络拓扑图，进行对应的设备连线。

（4）进入学校路由器，打开路由器 gei-2/1 和 gei-2/3 端口，并且根据 IP 地址规划表，配置对应的 IP 地址，同时配置一条指向目的网段的静态路由。

（5）进入 A 网站路由器，打开路由器 gei-2/1 和 gei-2/3 端口，并且根据 IP 地址规划表，配置对应的 IP 地址，同时配置一条指向源地址的反向静态路由。

（6）根据 IP 地址规划表，分别配置学校计算机和 A 网站服务器的 IP 地址。

（7）测试：学校的计算机可以正常 Ping 通 A 网站服务器，如项目图 3-13 所示，同时 A 网站服务器也可以 Ping 通学校的计算机，如项目图 3-14 所示。

```
C:\Users\Administrator>ping 20.1.1.2

正在 Ping 20.1.1.2 具有 32 字节的数据:
来自 20.1.1.2 的回复: 字节=32 时间=6ms TTL=255
来自 20.1.1.2 的回复: 字节=32 时间<1ms TTL=255
来自 20.1.1.2 的回复: 字节=32 时间<1ms TTL=255
来自 20.1.1.2 的回复: 字节=32 时间<1ms TTL=255

20.1.1.2 的 Ping 统计信息:
    数据报: 已发送 = 4, 已接收 = 4, 丢失 = 0 (0% 丢失),
往返行程的估计时间(以毫秒为单位):
    最短 = 0ms, 最长 = 6ms, 平均 = 1ms
```

项目图 3-13　上网计算机 Ping 到 A 网站服务器

```
C:\Users\Administrator>ping 10.1.1.2

正在 Ping 10.1.1.2 具有 32 字节的数据:
来自 10.1.1.2 的回复: 字节=32 时间=10ms TTL=255
来自 10.1.1.2 的回复: 字节=32 时间<1ms TTL=255
来自 10.1.1.2 的回复: 字节=32 时间<1ms TTL=255
来自 10.1.1.2 的回复: 字节=32 时间<1ms TTL=255

10.1.1.2 的 Ping 统计信息:
    数据报: 已发送 = 4, 已接收 = 4, 丢失 = 0 (0% 丢失),
往返行程的估计时间(以毫秒为单位):
    最短 = 0ms, 最长 = 10ms, 平均 = 2ms
```

项目图 3-14　A 网站服务器 Ping 到上网计算机

步骤（4）相关命令如下：

```
ZXR10>
ZXR10>enable
ZXR10#config terminal
ZXR10(config)#hostname school-R
school-R(config)#interface gei-2/3
school-R(config-if-gei-2/3)#ip address 10.1.1.1  255.255.255.0
school-R(config-if-gei-2/3)#no shutdown
school-R(config-if-gei-2/3)#exit
school-R(config)#interface gei-2/1
school-R(config-if-gei-2/1)#ip address 192.168.1.1  255.255.255.252
school-R(config-if-gei-2/1)#no shutdown
school-R(config-if-gei-2/1)#exit
school-R(config)#ip route 20.1.1.0  255.255.255.0  192.168.1.2
school-R(config)#end
```

```
school-R#
```

步骤（5）相关命令如下：

```
ZXR10>
ZXR10>enable
ZXR10#config terminal
ZXR10(config)#hostname AWeb-R
AWeb-R(config)#interface gei-2/3
AWeb-R(config-if-gei-2/3)#ip address 20.1.1.1  255.255.255.0
AWeb-R(config-if-gei-2/3)#no shutdown
AWeb-R(config-if-gei-2/3)#exit
AWeb-R(config)#interface gei-2/1
AWeb-R(config-if-gei-2/1)#ip address 192.168.1.2  255.255.255.252
AWeb-R(config-if-gei-2/1)#no shutdown
AWeb-R(config-if-gei-2/1)#exit
AWeb-R(config)#ip route 10.1.1.0  255.255.255.0  192.168.1.1
AWeb-R(config)#end
AWeb-R#
```

任务三　静态路由配置进阶

项目实施

通过学习任务二了解了 2 台路由器之间是如何通过静态路由来建立网络连接的，那么对于 3 台及 3 台以上的路由器是如何通过静态路由来建立网络连接的呢？请看下面的任务。

【任务描述】

企业 A 总部在东莞，在深圳、广州有两家分公司，根据需求建立总部与分公司之间的数据通信网络，并且分公司之间可以通过总部相互通信。

要求：广州分公司路由器采用默认路由。

【实训环境】

路由器 3 台，计算机 3 台，网线若干。

【网络拓扑】

如项目图 3-15 所示为实训任务的网络拓扑图。

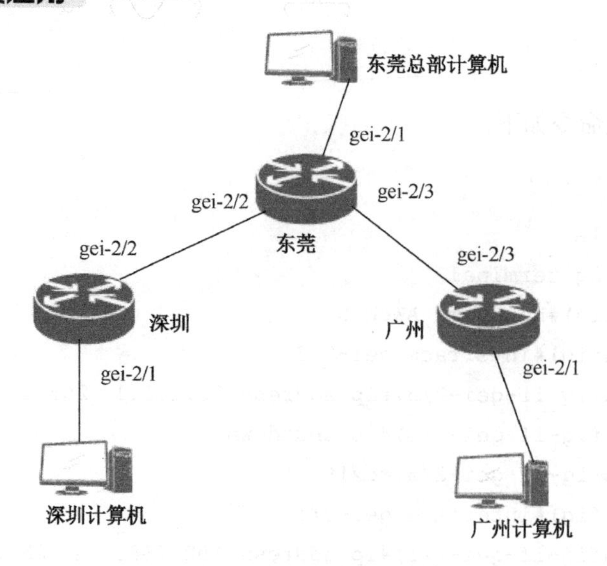

项目图 3-15　网络拓扑图

【IP 地址规划】

如项目表 3-2 所示为实训任务的 IP 地址规划表。

项目表 3-2　IP 地址规划表

地　区	端　口	IP　地　址
东莞	gei-2/1	192.168.1.1/24
	gei-2/2	10.1.1.1/30
	gei-2/3	20.1.1.1/30
	东莞总部计算机	192.168.1.2/24
深圳	gei-2/2	10.1.1.2/30
	gei-2/1	192.168.2.1/24
	深圳计算机	192.168.2.2/24
广州	gei-2/3	20.1.1.2/30
	gei-2/1	192.168.3.1/24
	广州计算机	192.168.3.2/24

【实训步骤】

（1）根据背景描述，理解问题需求，规划出 IP 地址规划表。

（2）根据背景描述需求，画出三地网络拓扑图，并标出对应设备的端口号。

（3）进入东莞总部路由器，打开路由器 gei-2/1、gei-2/2 及 gei-2/3 端口，并且根据 IP 地址规划表，分别配置对应的 IP 地址，同时配置两条指向目的网段分别为广州计算机和深圳计算机的静态路由。

（4）进入深圳路由器，打开路由器 gei-2/1 和 gei-2/2 端口，并且根据 IP 地址规划表，分别配置对应的 IP 地址，同时配置两条指向目的网段分别为东莞总部计算机和广州计算机的静态路由。

（5）进入广州路由器，打开路由器 gei-2/1 和 gei-2/3 端口，并且根据 IP 地址规划表，分别配置对应的 IP 地址，同时配置一条默认路由。

（6）根据 IP 地址规划表，分别配置总部和分公司的计算机 IP 地址。

（7）结果验证：东莞总部计算机可以正常 Ping 通深圳和广州的计算机，深圳分公司计算机可以正常 Ping 通东莞和广州的计算机，广州分公司计算机可以正常 Ping 通东莞和深圳的计算机，验证结果如项目图 3-16、项目图 3-17、项目图 3-18 所示。

```
C:\Users\Administrator>ping 192.168.2.2

正在 Ping 192.168.2.2 具有 32 字节的数据:
来自 192.168.2.2 的回复: 字节=32 时间=4ms TTL=255
来自 192.168.2.2 的回复: 字节=32 时间<1ms TTL=255
来自 192.168.2.2 的回复: 字节=32 时间<1ms TTL=255
来自 192.168.2.2 的回复: 字节=32 时间<1ms TTL=255

192.168.2.2 的 Ping 统计信息:
    数据报: 已发送 = 4, 已接收 = 4, 丢失 = 0 (0% 丢失),
往返行程的估计时间(以毫秒为单位):
    最短 = 0ms, 最长 = 4ms, 平均 = 1ms
```

项目图 3-16　东莞与深圳互通

```
C:\Users\Administrator>ping 192.168.3.2

正在 Ping 192.168.3.2 具有 32 字节的数据:
来自 192.168.3.2 的回复: 字节=32 时间=7ms TTL=255
来自 192.168.3.2 的回复: 字节=32 时间<1ms TTL=255
来自 192.168.3.2 的回复: 字节=32 时间<1ms TTL=255
来自 192.168.3.2 的回复: 字节=32 时间<1ms TTL=255

192.168.3.2 的 Ping 统计信息:
    数据报: 已发送 = 4, 已接收 = 4, 丢失 = 0 (0% 丢失),
往返行程的估计时间(以毫秒为单位):
    最短 = 0ms, 最长 = 7ms, 平均 = 1ms
```

项目图 3-17　东莞与广州互通

```
C:\Users\Administrator>ping 192.168.3.2

正在 Ping 192.168.3.2 具有 32 字节的数据:
来自 192.168.3.2 的回复: 字节=32 时间=4ms TTL=255
来自 192.168.3.2 的回复: 字节=32 时间<1ms TTL=255
来自 192.168.3.2 的回复: 字节=32 时间<1ms TTL=255
来自 192.168.3.2 的回复: 字节=32 时间<1ms TTL=255

192.168.3.2 的 Ping 统计信息:
    数据报: 已发送 = 4, 已接收 = 4, 丢失 = 0 (0% 丢失),
往返行程的估计时间(以毫秒为单位):
    最短 = 0ms, 最长 = 4ms, 平均 = 1ms
```

项目图 3-18　深圳与广州互通

步骤（3）的相关命令如下：

```
ZXR10>
ZXR10>enable
ZXR10#config terminal
ZXR10(config)#hostname DG-R
DG-R(config)#interface gei-2/1
DG-R(config-if-gei-2/1)#ip address 192.168.1.1  255.255.255.0
DG-R(config-if-gei-2/1)#no shutdown
DG-R(config-if-gei-2/1)#exit
DG-R(config)#interface gei-2/2
DG-R(config-if-gei-2/2)#ip address 10.1.1.1  255.255.255.252
DG-R(config-if-gei-2/2)#no shutdown
DG-R(config-if-gei-2/2)#exit
DG-R(config)#interface gei-2/3
DG-R(config-if-gei-2/3)#ip address 20.1.1.1  255.255.255.252
DG-R(config-if-gei-2/3)#no shutdown
DG-R(config-if-gei-2/3)#exit
DG-R(config)#ip route 192.168.2.0  255.255.255.0  10.1.1.2
DG-R(config)#ip route 192.168.3.0  255.255.255.0  20.1.1.2
DG-R(config)#end
DG-R#
```

步骤（4）的相关命令如下：

```
ZXR10>
ZXR10>enable
ZXR10#config terminal
ZXR10(config)#hostname SZ-R
SZ-R(config)#interface gei-2/1
SZ-R(config-if-gei-2/1)#ip address 192.168.2.1  255.255.255.0
SZ-R(config-if-gei-2/1)#no shutdown
SZ-R(config-if-gei-2/1)#exit
SZ-R(config)#interface gei-2/2
SZ-R(config-if-gei-2/2)#ip address 10.1.1.2  255.255.255.252
SZ-R(config-if-gei-2/2)#no shutdown
SZ-R(config-if-gei-2/2)#exit
SZ-R(config)#ip route 192.168.1.0  255.255.255.0  10.1.1.1
SZ-R(config)#ip route 192.168.3.0  255.255.255.0  10.1.1.1
SZ-R(config)#end
SZ-R#
```

步骤（5）的相关命令如下：

```
ZXR10>
ZXR10>enable
ZXR10#config terminal
ZXR10(config)#hostname GZ-R
GZ-R(config)#interface gei-2/1
GZ-R(config-if-gei-2/1)#ip address 192.168.3.1  255.255.255.0
GZ-R(config-if-gei-2/1)#no shutdown
GZ-R(config-if-gei-2/1)#exit
GZ-R(config)#interface gei-2/3
GZ-R(config-if-gei-2/3)#ip address 20.1.1.2  255.255.255.252
GZ-R(config-if-gei-2/3)#no shutdown
GZ-R(config-if-gei-2/3)#exit
GZ-R(config)#ip route  0.0.0.0  0.0.0.0  20.1.1.1        ！配置默认路由
GZ-R(config)#end
GZ-R#
```

思考与练习

针对任务三，如果深圳分公司和广州分公司之间加一条直连路由，这样就可以实现三地公司两两直接通信的同时，又具备一条备用路由，例如，深圳到东莞，正常情况下走深圳→东莞，如果深圳与东莞的直连路由中断，则数据报走深圳→广州→东莞，请参考如项目图 3-19 所示网络拓扑图来实现这种数据通信需求。

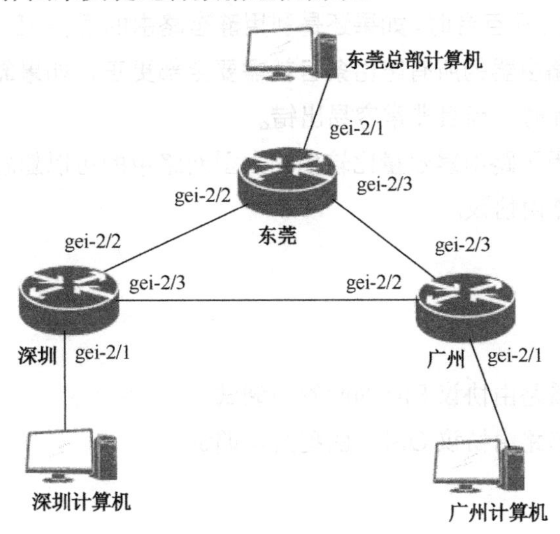

项目图 3-19　网络拓扑图

项目 4 玩转路由器

项目目标

（1）了解动态路由协议的分类。

（2）掌握距离矢量路由协议 RIP。

（3）重点掌握链路状态路由协议 OSPF。

项目分析

经过对前面项目的学习，相信大家对于路由、路由表、不同的路由协议有了初步的了解。静态路由多用于路由条目数量不是很多的情况下，通常在工程上，如果网络涉及的路由器数量小于 5 台，则使用静态路由就能够达到较好的链路质量；如果涉及的路由器数量超过 5 台，达到几十台、几百台时，如果还是利用静态路由的话，一旦某一台路由器 DOWN 掉，则网络中涉及该路由器的所有路由条目就需要全部更正，如果靠网络管理员手工去一条一条更正，则不仅耗时，而且非常容易出错。

本项目将介绍多用于路由器数量比较多的大型网络中的可以随着网络拓扑的更改而自动调整路由表的动态路由协议。

项目任务

任务一　距离矢量路由协议 RIP 的配置与调试

任务二　链路状态路由协议 OSPF 的配置与调试

动态路由协议概述

背景描述

孙先生是一家中型企业的网络工程师，由他负责维护管理的路由器有12台左右，每台路由器的路由条目有50多条。某天其中一台核心路由器坏了，涉及该路由器的路由条目大概有400多条，如果配置的是静态路由，则需要一条一条地去更改。这种工作量是非常非常庞大的。

因此在工程实践中，静态路由通常用于小型企业网络（路由器数量小于5台，路由条目不多于50条）。如果是中型企业或者大型、超大型企业甚至运营商级别的网络，采用的都是动态路由协议。

动态路由协议，是指由路由器根据相应的路由算法，能自动生成路由，且无需人工干预，会随着网络拓扑的变化而做出相应变化的路由协议类型。

动态路由协议的分类

动态路由协议按照寻址算法的不同，分为距离矢量路由协议和链路状态路由协议两类。

距离矢量路由协议，是根据距离的长短来确定哪一条路径为最优路径的。RIP、BGP等都属于距离矢量路由协议。

链路状态路由协议，是根据链路上的数据报拥塞情况（“开销”的大小）来确定哪一条路径为最优路径的。OSPF、IS-IS等都属于链路状态路由协议。

任务一　距离矢量路由协议RIP的配置与调试

预备知识

4.1 距离矢量路由协议

距离矢量路由协议是基于贝尔曼-福特算法（工程实践中称为“D-V”算法）的动态路由协议。使用距离矢量路由协议的路由器，最关心的是到目的网段的距离（Metric）和矢量（方向，从哪个接口转发数据）。

距离（Metric）是指数据报在传递过程中所经过的路由器的“跳数”（hop count）。例如，如项目图 4-1 所示，路由器 R1 到达路由器 R3 中间是 2 跳，因此路由的距离为 2。

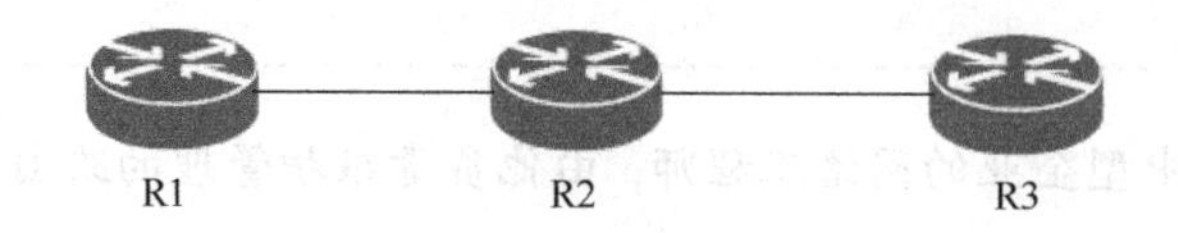

项目图 4-1　路由距离

路由器如何通过 D-V 算法来学习路由表呢？

路由器会以一定的频率向相邻的路由器发送自己的路由表，同时接收相邻路由器发送过来的路由表信息。用接收到的路由表信息和自己的路由表信息进行对比，如果是自己路由表中没有的路由条目，就添加到自己的路由表中；如果是自己路由表中已经存在的条目，但是收到的路由条目管理距离更短，也就是收到的路由条目更优，这时需要替换自己原来的路由条目。以此类推，从而生成自己的路由表。然后经过一定的时间间隔，再次向相邻路由器发送自己刚刚更新之后的路由表。

下面将介绍距离矢量路由协议里面非常知名的动态路由协议 RIP（Route Information Protocol）。

4.1.1　RIP 的简介和特点

RIP 是基于 D-V 算法的动态路由协议，RIP 规定：路由器每隔 30s 的更新周期（工程上默认是 30s，可以手工更改）向外广播一个 D-V 报文，报文信息来自本地路由表。RIP 的 D-V 报文中，其距离以“跳数”计，与目的网络直接相连的路由器规定为 1 跳，相隔一个路由器则为 2 跳，以此类推。一条路由的距离为该条路由上所经过的路由器个数。为防止寻址路由信息长期存在，RIP 规定：距离为 16 跳的路由为不可达路由。所以一条有效的路由距离不得超过 15 跳。正是这一规定限制了 RIP 的使用范围，使得 RIP 局限于中小型的网络节点中。

距离矢量路由协议的优点：配置简单、内存占用少和 CPU 处理时间短。缺点：扩展性差，最多只能容纳 16 台路由器，即最大跳数为 15 跳。

4.1.2　RIP 的路由环路及解决方法

由于网络上运行 RIP 的路由器的路由表无法做到同步刷新，即运行 RIP 的各个路由器之间存在路由刷新时间差，所以会造成路由环路的产生。路由环路会导致路由器网络之间的“虚链接”。由于路由环路无法避免，因此只能想方设法降低路由环路带来的影响。

解决 RIP 的路由环路问题有多种方法，其中最常用的有触发更新、水平分割和毒性逆转这三种。

（1）触发更新：当路由器的路由条目发生变化的时候，要第一时间通知相邻路由器，而无需等待 30s 的更新周期。同时相邻路由器在第一时间通知其他路由器，以此类推。

（2）水平分割：假如路由器 RA 从端口 gei-2/3 收到关于路由器 RB 的路由信息，同时路由器 RA 与路由器 RC 相邻，那么路由器 RA 通过端口 gei-2/3 再向路由器 RB 发送更新信息的时候，会自动过滤掉原来从路由器 RB 收到的路由信息，如项目图 4-2 所示。

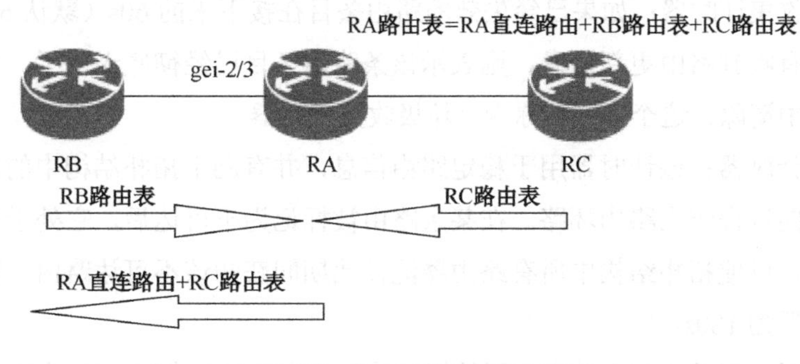

项目图 4-2　水平分割示意图

（3）毒性逆转：路由器与邻居之间的网段链路中断了，此时对应端口状态也会变成 DOWN，同时该路由器将目的地址为该网段的所有路由条目的跳数设置为 16 跳（不可达），如项目图 4-3 所示。

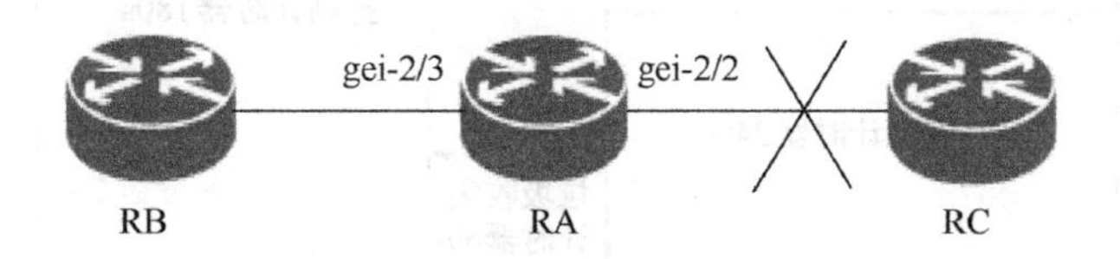

项目图 4-3　毒性逆转示意图

路由器 RA 与 RC 之间的链路中断，gei-2/2 端口由 UP 更改为 DOWN，这个时候，路由器 RA 会将所有目的地址到达 gei-2/2 端口所在的网段的跳数设置为 16 跳，即不可达。然后将这条消息发送给其他邻居，由其他邻居再逐渐通告给全网。

4.1.3 RIP 的计时器

根据 D-V 算法，一条路由被更新是因为出现了一条路由距离更短的路由，否则路由会在路由表中一直保存下去，即使该路由崩溃，这势必造成一定的错误路由信息。为此，RIP 规定：所有路由器对其路由表中的每一条路由都设置一个计时器，每增加一条新路由，相应设置一个新计时器。

RIP 的计时器有四种类型：更新计时器、失效计时器、垃圾收集计时器和抑制计时器。

（1）更新计时器：通常路由器每隔 30s（默认 30s，可以手工更改）会进行一次路由更新，这个 30s 被称为“更新计时器”。

（2）失效计时器：如果一条路由条目在 180s（默认 180s，可以手工更改）内没有收到更新信息，则将该路由条目的距离设定为 16 跳，并广播该路由。此时暂时认为这条路由已经失效了，但也不会立刻将它清除掉，这个 180s 被称为“失效计时器”。

（3）垃圾收集计时器：如果已经失效的路由条目在接下来的 60s（默认 60s，可以手工更改）还是没有收到路由更新信息，则表示该条路由条目已经彻底无用了，这个时候需要将它从路由表中清除，这个 60s 被称为“垃圾收集计时器”。

（4）抑制计时器：该计时器用于稳定路由信息，并有助于拓扑结构中的所有路由器根据新信息收敛的过程防止路由环路。在某条路由被标记为不可达后，它处于抑制状态的时间必须足够长，以便拓扑结构中所有路由器能在此期间获知该不可达路由。默认情况下，抑制计时器设置为 180s。

四种计时器之间并非相互独立，而是相互依附，并且有严格的先后顺序，如项目图 4-4 所示为 RIP 的四种计时器之间的联系。

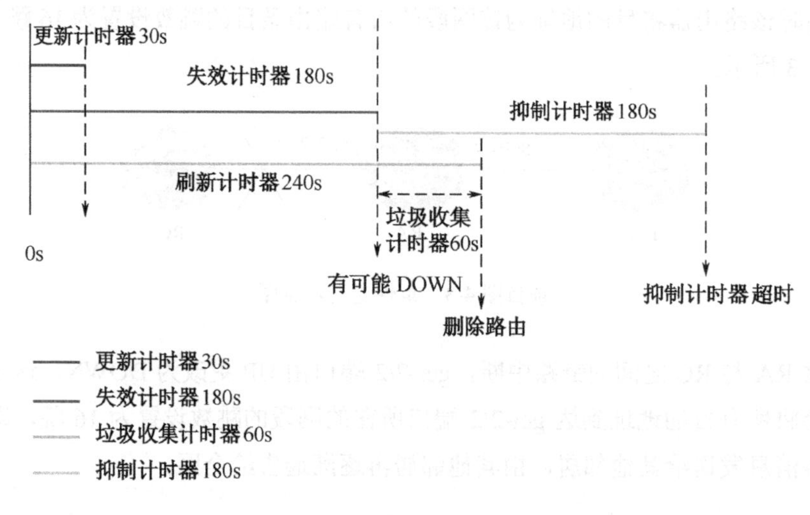

项目图 4-4　RIP 的四种计时器之间的联系

4.1.4 RIP 的工作过程

某路由器刚启动 RIP 时，以广播的形式向相邻路由器发送请求报文，相邻路由器的 RIP 收到请求报文后，响应请求，回发包含本地路由表信息的响应报文。RIP 收到响应报文后，修改本地路由表的信息，同时以触发修改的形式向相邻路由器广播本地路由修改信息。相邻路由器收到触发修改报文后，又向其各自的相邻路由器发送触发修改报文。在一连串的触发修改广播后，各路由器的路由表都得到修改并保持最新信息。同时，RIP 每 30s 向相邻路由器广播本地路由表，各相邻路由器的 RIP 在收到路由报文后，对本地路由进行维护，在众多路由中选择一条最佳路由，并向各自的相邻路由器广播路由修改信息，使路由达到全局有效。同时 RIP 采取一种超时机制对过时的路由进行超时处理，以保证路由的实时性和有效性。RIP 作为内部路由器协议，正是通过这种报文交换的方式，为各路由器提供本自治系统内部各网络的路由信息。

RIP 支持版本 1 和版本 2 两种版本的报文格式。版本 1 仅支持有类路由，在版本 2 中，RIP 还提供了对无类路由和子网的支持以及认证报文形式。

4.1.5 RIP 的配置

配置 RIP 主要有以下两个步骤。

（1）启动 RIP 进程，在全局配置模式下使用“router rip”命令。

（2）指定 RIP 的版本号，通常采用支持 VLSM 的版本 2，目前大部分的硬件路由器默认是 RIPv2，无需特殊说明。

（3）在路由配置模式下，通告参与 RIP 进程的接口所在的网络号，使用“network”命令。具体如下：

```
Router(config)#router rip                          //在全局配置模式下开启RIP
Router(config-router)#version 2                    //明确使用RIP的第2个版本
Router(config-router)#network 网络号 地址通配符
        //通告运行RIP的网段（端口），有些厂家的设备无需“地址通配符”字段
```

项目实施

【任务描述】

企业 A 总部在东莞，在深圳、广州有两家分公司，根据需求建立总部与各分公司之间，以及分公司与分公司之间的数据通信网络，采用动态路由协议 RIP。

【实训环境】

路由器 3 台，计算机 3 台，网线若干。

【网络拓扑】

RIP 网络拓扑图如项目图 4-5 所示。

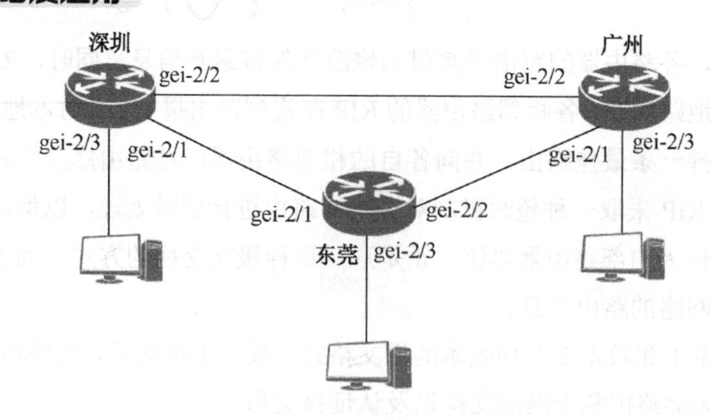

项目图 4-5 RIP 网络拓扑图

【IP 地址规划表】

数据通信网络的 IP 地址规划表如项目表 4-1 所示。

项目表 4-1 IP 地址规划表

地　区	端　口	IP 地 址
东莞	gei-2/1	10.1.1.1/30
	gei-2/2	30.1.1.1/30
	gei-2/3	192.168.1.1/24
	计算机	192.168.1.2/24
深圳	gei-2/1	10.1.1.2/30
	gei-2/2	20.1.1.1/30
	gei-2/3	192.168.2.1/24
	计算机	192.168.2.2/24
广州	gei-2/1	30.1.1.2/30
	gei-2/2	20.1.1.2/30
	gei-2/3	192.168.3.1/24
	计算机	192.168.3.2/24

【实训步骤】

（1）根据背景描述，理解问题需求，规划出 IP 地址表。

（2）根据背景描述，画出三地网络拓扑图，并标出对应设备的端口号。

（3）根据网络拓扑图，进行对应的设备连线，并且配置各地计算机的 IP 地址。

（4）进入东莞总部路由器，打开路由器 gei-2/1、gei-2/2 及 gei-2/3 端口，并根据 IP 地址规划表，分别配置对应的 IP 地址，开启 RIPv2，对所连的直连网段进行路由通告。

（5）进入深圳分公司路由器，打开路由器 gei-2/1、gei-2/2 及 gei-2/3 端口，并根据 IP 地址规划表，分别配置对应的 IP 地址，开启 RIPv2，对所连的直连网段进行路由通告。

（6）进入广州分公司路由器，打开路由器 gei-2/1、gei-2/2 及 gei-2/3 端口，并根据 IP

地址规划表，分别配置对应的 IP 地址，开启 RIPv2，对所连的直连网段进行路由通告。

（7）在 3 台路由器里面查看学习到的 RIP 路由。

（8）测试：东莞总部计算机可以正常 Ping 通深圳和广州的计算机，同时深圳分公司也可以和广州互通，测试结果如项目图 4-6、项目图 4-7、项目图 4-8 所示。

```
C:\Users\Administrator>ping 192.168.2.2

正在 Ping 192.168.2.2 具有 32 字节的数据:
来自 192.168.2.2 的回复: 字节=32 时间=4ms TTL=255
来自 192.168.2.2 的回复: 字节=32 时间<1ms TTL=255
来自 192.168.2.2 的回复: 字节=32 时间<1ms TTL=255
来自 192.168.2.2 的回复: 字节=32 时间<1ms TTL=255

192.168.2.2 的 Ping 统计信息:
    数据报: 已发送 = 4，已接收 = 4，丢失 = 0 (0% 丢失)，
往返行程的估计时间(以毫秒为单位):
    最短 = 0ms，最长 = 4ms，平均 = 1ms
```

项目图 4-6　东莞与深圳互通

```
C:\Users\Administrator>ping 192.168.3.2

正在 Ping 192.168.3.2 具有 32 字节的数据:
来自 192.168.3.2 的回复: 字节=32 时间=7ms TTL=255
来自 192.168.3.2 的回复: 字节=32 时间<1ms TTL=255
来自 192.168.3.2 的回复: 字节=32 时间<1ms TTL=255
来自 192.168.3.2 的回复: 字节=32 时间<1ms TTL=255

192.168.3.2 的 Ping 统计信息:
    数据报: 已发送 = 4，已接收 = 4，丢失 = 0 (0% 丢失)，
往返行程的估计时间(以毫秒为单位):
    最短 = 0ms，最长 = 7ms，平均 = 1ms
```

项目图 4-7　东莞与广州互通

```
C:\Users\Administrator>ping 192.168.3.2

正在 Ping 192.168.3.2 具有 32 字节的数据:
来自 192.168.3.2 的回复: 字节=32 时间=4ms TTL=255
来自 192.168.3.2 的回复: 字节=32 时间<1ms TTL=255
来自 192.168.3.2 的回复: 字节=32 时间<1ms TTL=255
来自 192.168.3.2 的回复: 字节=32 时间<1ms TTL=255

192.168.3.2 的 Ping 统计信息:
    数据报: 已发送 = 4，已接收 = 4，丢失 = 0 (0% 丢失)，
往返行程的估计时间(以毫秒为单位):
    最短 = 0ms，最长 = 4ms，平均 = 1ms
```

项目图 4-8　深圳与广州互通

步骤（4）的相关命令如下：

```
ZXR10>
ZXR10>enable
ZXR10#config terminal
ZXR10(config)#hostname DG-R
DG-R(config)#interface gei-2/1
DG-R(config-if-gei-2/1)#ip address 10.1.1.1  255.255.255.252
DG-R(config-if-gei-2/1)#no shutdown
DG-R(config-if-gei-2/1)#exit
DG-R(config)#interface gei-2/2
DG-R(config-if-gei-2/2)#ip address 30.1.1.1  255.255.255.252
DG-R(config-if-gei-2/2)#no shutdown
DG-R(config-if-gei-2/2)#exit
DG-R(config)#interface gei-2/3
DG-R(config-if-gei-2/3)#ip address 192.168.1.1  255.255.255.0
DG-R(config-if-gei-2/3)#no shutdown
DG-R(config-if-gei-2/3)#exit
DG-R(config)#router rip                              ！开启RIP进程
DG-R(config-router)#version 2                        ！该步骤不写也可以
DG-R(config-router)#network 192.168.1.0 0.0.0.255    ！网段通告
DG-R(config-router)#network 10.1.1.0 0.0.0.3
DG-R(config-router)#network 30.1.1.0 0.0.0.3
DG-R(config)#end
DG-R#
```

步骤（5）的相关命令如下：

```
ZXR10>
ZXR10>enable
ZXR10#config terminal
ZXR10(config)#hostname SZ-R
SZ-R(config)#interface gei-2/1
SZ-R(config-if-gei-2/1)#ip address 10.1.1.2  255.255.255.252
SZ-R(config-if-gei-2/1)#no shutdown
SZ-R(config-if-gei-2/1)#exit
SZ-R(config)#interface gei-2/2
SZ-R(config-if-gei-2/2)#ip address 20.1.1.1  255.255.255.252
SZ-R(config-if-gei-2/2)#no shutdown
```

```
SZ-R(config-if-gei-2/2)#exit
SZ-R(config)#interface gei-2/3
SZ-R(config-if-gei-2/3)#ip address 192.168.2.1  255.255.255.0
SZ-R(config-if-gei-2/3)#no shutdown
SZ-R(config-if-gei-2/3)#exit
SZ-R(config)#router rip                              ！开启RIP进程
SZ-R(config-router)#network 192.168.2.0 0.0.0.255    ！网段通告
SZ-R(config-router)#network 10.1.1.0 0.0.0.3
SZ-R(config-router)#network 20.1.1.0 0.0.0.3
SZ-R(config)#end
SZ-R#show ip route                                 ！查看是否学习到相关路由
```

步骤（6）的相关命令如下：

```
ZXR10>
ZXR10>enable
ZXR10#config terminal
ZXR10(config)#hostname GZ-R
GZ-R(config)#interface gei-2/1
GZ-R(config-if-gei-2/1)#ip address 30.1.1.2  255.255.255.252
GZ-R(config-if-gei-2/1)#no shutdown
GZ-R(config-if-gei-2/1)#exit
GZ-R(config)#interface gei-2/2
GZ-R(config-if-gei-2/2)#ip address 20.1.1.2  255.255.255.252
GZ-R(config-if-gei-2/2)#no shutdown
GZ-R(config-if-gei-2/2)#exit
GZ-R(config)#interface gei-2/3
GZ-R(config-if-gei-2/3)#ip address 192.168.3.1  255.255.255.0
GZ-R(config-if-gei-2/3)#no shutdown
GZ-R(config-if-gei-2/3)#exit
GZ-R(config)#router rip                              ！开启RIP进程
GZ-R(config-router)#network 192.168.3.0 0.0.0.255    ！网段通告
GZ-R(config-router)#network 20.1.1.0 0.0.0.3
GZ-R(config-router)#network 30.1.1.0 0.0.0.3
GZ-R(config)#end
GZ-R#show ip route                                 !查看是否学习到相关路由
```

任务二　链路状态路由协议 OSPF 的配置与调试

预备知识

4.2 链路状态路由协议

同距离矢量路由协议一样，链路状态路由协议也是属于动态路由协议。同样也不需要人工干预，根据相应的路由算法自动生成路由表。

链路状态路由协议基于 Dijkstra 算法，或称为最短路径优先（Shortest Path First，SPF）算法，该算法可以提供比 D-V 算法更大的扩展性和快速收敛性，但是 SPF 算法需要耗费更多的内存和 CPU 处理能力。应用 SPF 算法可以监测网络中链路拥堵程度或端口的状态（UP 或 DOWN、IP 地址、子网掩码），每个路由器将自己已知的链路状态向该区域的其他路由器进行通告，这些通告称为链路状态通告（Link State Advertisement，LSA）。通过这种方式，区域内的每台路由器都建立了一个本区域的完整的链路状态数据库。然后路由器根据收集到的链路状态信息来创建它自己的网络拓扑图，形成一个到各个目的网段的带权有向图。

下面将介绍链路状态路由协议里面最为知名的协议 OSPF。

4.2.1 OSPF 的简介和特点

OSPF 是 Open Shortest Path First，即“开放最短路径优先”的缩写。它是 IETF（Internet Engineering Task Force，互联网工程任务组）开发的一个基于链路状态的动态路由协议，通常用于路由器数量比较多的大型网络之中，它通过收集和传递网络上的链路状态来动态地发现并传播路由。当前 OSPF 使用的是第 2 版。

与距离矢量路由协议相比，链路状态路由协议 OSPF 有以下优点。

（1）适应范围广：OSPF 支持各种规模的网络，最多可支持由几百台路由器组成的网络。

（2）最佳路径：OSPF 是基于带宽来选择路径的。

（3）快速收敛：如果网络的拓扑结构发生变化，OSPF 会立即发送更新报文，使这一变化在自治系统中同步。

（4）无路由自环：由于 OSPF 能基于收集到的链路状态用最短路径树算法计算路由，故从算法本身保证了不会生成路由自环。

（5）子网掩码：由于 OSPF 在描述路由时携带网段的掩码信息，所以 OSPF 不受自然掩码的限制，能对 VLSM 和 CIDR 提供很好的支持。

（6）区域划分：OSPF 允许自治系统的网络被划分成区域来管理，区域间传送的路由信息被进一步抽象，从而减少了占用网络的带宽。

（7）等值路由：OSPF 支持到同一目的地址的多条等值路由。

（8）路由分级：OSPF 使用四类不同的路由，按优先顺序分为区域内路由、 区域间路由、第一类外部路由、第二类外部路由。

（9）支持验证：OSPF 支持基于端口的报文验证以保证路由计算的安全性。

4.2.2 OSPF 的一些相关概念

既然 OSPF 有这么多优点，还支持大规模的网络，那么到底 OSPF 是怎么样工作的呢？

在学习 OSPF 之前，首先要认识一下 OSPF 的一些相关概念。

（1）Router ID：OSPF 使用 Router ID 来唯一标识一台路由器，Router ID 是一个 32 位的二进制数。基于这个目的，每一台运行 OSPF 的路由器都需要一个 Router ID。那么如何确定路由器的 Router ID 呢？运行 OSPF 的路由器按照以下顺序确定 Router ID。

① 如果手工指定了路由器的 Router ID，则优先选择手工指定的。

② 如果没有手工指定，而有 loopback 地址，则选择最大的 loopback 地址作为 Router ID；若无 loopback 地址，则在物理接口中选择最大的 IP 地址作为 Router ID。

一般建议手工指定 Router ID。这类似于我国公民的身份证号码，通过身份证号码来区别我们每一个人，应用 OSPF 的网络通过 Router ID 来区别网络中的每一台路由器。

（2）Interface（接口）：路由器和具有唯一 IP 地址和子网掩码的网络之间的连接，也称为链路（Link）。

（3）DR（指定路由器）和 BDR（备份指定路由器）：在一个广播型多路访问环境中的路由器必须选举一个 DR 和一个 BDR 来代表这个网络。作用相当于班级里面的“班长”和“副班长”。

（4）Neighboring Routers（邻居关系）：两台路由器接口相互连接，并且相连接的接口在同一个网段内，当两台路由器在该接口开启 OSPF 之后，两台路由器会自动建立邻居关系。

（5）Neighbor Database（邻居表）：包括所有建立联系的邻居路由器。

（6）Link State Datebase（链路状态数据库）：包含了网络中所有路由器的链接状态。它表示着整个网络的拓扑结构。同区域（Area）内的所有路由器的链接状态表都是相同的。

（7）Adjacency（邻接关系）：两台路由器，在相互形成邻居关系的基础上，同步自己的链路状态数据库后形成邻接关系。

4.2.3 OSPF 的算法介绍

由于 OSPF 是一个链路状态协议，所以运行 OSPF 的路由器是通过建立链路状态数据库生成路由表的，这个数据库里含有所有网络和路由器的信息。路由器使用这些信息构造路由表，为了保证可靠性，所有路由器必须有一个完全相同的链路状态数据库。链路状态数据库是由链路状态通告（LSA）组成的，而 LSA 是由每个路由器产生的，并在整个 OSPF 网络上传播。LSA 有许多类型，完整的 LSA 集合将为路由器展示整个网络的精确分布图。

OSPF 使用开销（Cost）作为度量值。开销被分配到路由器的每个接口上，默认情况下，一个接口的开销以 100M 为基准自动计算得到。到某个特定目的地的路径开销是这台路由器和目的地之间所有链路的开销和。

为了从 LSA 数据库中生成路由表，路由器运行 SPF 算法构建一棵开销路由树，路由器本身作为路由树的根。SPF 算法使路由器计算出它到网络上每一个节点的开销最低的路径，路由器将这些路径的路由存入路由表，最后生成 OSPF 路由表。有了这个路由表，路由器在转发数据的时候，只需要查找路由表，就可以正确地转发数据了。

4.2.4 OSPF 支持的网络类型

（1）Point-to-point：链路层协议是 PPP 或 LAPB 时，默认网络类型为点到点网络。无需选举 DR 和 BDR，当只有两个路由器的接口要形成邻接关系的时候才使用。

（2）Broadcast：链路层协议是 Ethernet、FDDI、TokenRing 时，默认网络类型为广播类型网络，以组播的方式发送协议报文。

（3）NBMA：链路层协议是帧中继、ATM、HDLC 或 X.25，默认网络类型为非广播多路访问类型网络，需要手工指定邻居。

（4）Point-to-multipoint：没有一种链路层协议会被默认为是 Point-to-multipoint 类型。点到多点必然是由其他网络类型强制更改的，常见的做法是将非全连通的 NBMA 改为点到多点的网络，以多播的方式发送协议报文，无需手工指定邻居。

4.2.5 OSPF 网络中的 DR 和 BDR

（1）DR 和 BDR 的应用环境。

在广播类型（Broadcast）和 NBMA 类型的网络中，任意两台路由器都需传递路由信息，如果按照两两相连，则需要 $N\times(N-1)/2$ 条线路，极大地浪费带宽和接口资源。为了解决这个问题，通常采用类似“班级管理”的方法。

例如，为了更好地服务班级，一般会在班中选举出班长和副班长，如果有什么通知，则只需告诉班长或者副班长，再由班长和副班长通知其他人，而无需一个人一个人地通知。

同样，路由器之间传递信息也采用了这种方法。先在网络中选举出一个 DR（即“班长”）和一个 BDR（即“副班长”），由链路状态更改的路由器先把状态信息传递给 DR 和 BDR，再由 DR 或 BDR 分发给其他路由器，从而就能极大地提高网络的带宽利用率。

（2）DR 的选举过程。

网络中路由器 DR 和 BDR 的选举和“美国选举总统”的流程是一模一样的。

① 登记选民：本网段内运行 OSPF 的路由器。

② 登记候选人：本网段内 Priority>0 的路由器。Priority 是接口上的参数，可以配置，默认值是 1。

③ 竞选演说：一部分 Priority>0 的路由器认为自己是 DR。

④ 投票：在所有自称是 DR 的路由器中选 Priority 值最大的当选，若两台路由器的 Priority 值相等，则选 Router ID 最大的当选。选票就是 Hello 报文，每台路由器将自己选出的 DR 写入 Hello 报文中，再发给网段上的每台路由器。

（3）DR、BDR 的特点。

① 不可抢占性。

如果新路由器在加入网络之前，网络中的 DR 和 BDR 已经选举完成，即使它的 Priority 值更大，也必须承认 DR 和 BDR，无需重新选举。

② 快速响应。

如果由于某种原因导致 DR 失效，此刻 BDR 必须立刻承担 DR 的功能，无需重新选举。

4.2.6 OSPF 网络中区域的概念

相对于距离矢量路由协议 RIP 来说，OSPF 支持的网络规模更大，OSPF 可以支持由 400～500 台路由器组成的网络。网络规模越大，发生故障的概率也越大。每发生一次故障，全网路由器全部都要重新计算一次路由表，但是由于网络中的路由器性能不一，核心层的路由器性能强大，计算路由表速度非常快，但是接入层路由器性能弱小，如果经常要计算路由表的话，会大量耗费接入层路由器的计算资源。如项目图 4-19 所示。

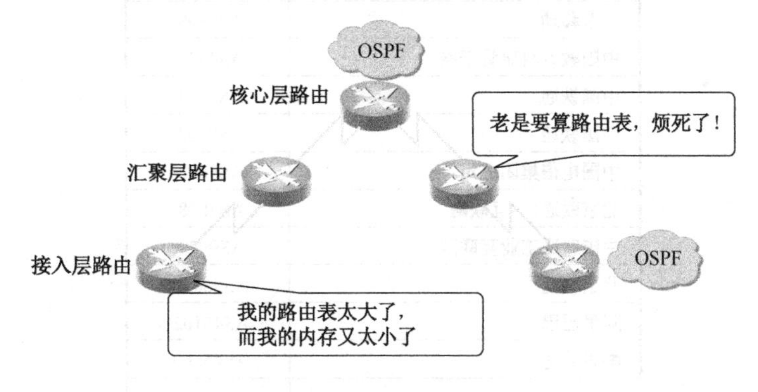

项目图 4-9　OSPF 网络示意图

例如，A 城市是一个千万人口的大城市，如果全部都让市长来服务每个人的话，整个城市的政务效率会非常低下。所以为了更好地服务于市民，在城市里划分了不同的区域，各区域内自行负责处理自己区域内的问题，涉及跨区域的问题，由区长代表该区域向市长汇报协调。

同样，OSPF 网络也是借鉴这一方法，在大型的 OSPF 网络中，根据路由器的性能和服务对象进行区域划分。各区域内自行计算路由表，然后由区域边界路由器进行汇总之后，通告至核心区域，由核心区域通告至其他区域。如项目图 4-10 所示。

区域 0（Area 0）也叫“骨干区域”，扮演的是城市管理中“市委市政府”的角色，任何一个 OSPF 网络必须有区域 0，其他区域通过区域边界路由器 ABR（Area Border Route）与区域 0 相连。

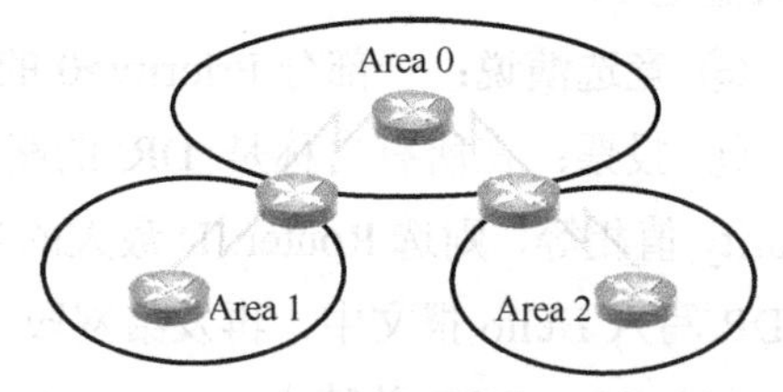

项目图 4-10　划分区域之后的 OSPF 网络示意图

小知识》

自治系统 AS（Autonomous System）：在互联网中，自治系统（AS）是一个有权自主地决定在本系统中应采用何种路由协议的小型单位。这个网络单位可以是一个简单的网络，也可以是一个由一个或多个普通的网络管理员来控制的网络群体，它是一个单独的可管理的网络单元（如一所大学、一个企业或者一个公司）。自治系统有时也被称为路由选择域。自治系统会被分配一个全局唯一的 16 位号码，有时将这个号码称为自治系统号（ASN）。

几个常见的国内自治系统号如项目图 4-11 所示。

网　络	ASN
中国电信骨干网	AS4134
中国169骨干网	AS4837
广东移动	AS9808
中国教育科研骨干网	AS4538
中国铁通	AS9394
中国联通	AS9800
中国电信集团公司	AS4812
北京联通169互联网	AS4808
中国联通工业互联网	AS9929
北京移动	AS56048
阿里巴巴	AS45102
腾讯公司	AS45090
……	……

项目图 4-11　国内自治系统号

4.2.7 OSPF 的配置

和 RIP 一样，配置 OSPF 主要有以下几个步骤。

（1）设置路由器的 Router ID。

（2）开启路由协议 OSPF，命令为：

```
Router(config)#route ospf 1
```

在全局配置模式下开启 OSPF。“1”为路由器中 OSPF 的进程号，范围为：1～65535。

（3）通告网段，命令为：

```
Router(config-router)#network 网络号 地址通配符 area 区域号
```

网络号为在路由器中运行 OSPF 的接口的网络地址，地址通配符也叫反掩码，其中“1”代表无需检查的位，“0”代表需要检查的位。

项目实施

【任务描述】

企业 A 总部在东莞，在深圳、广州有两家分公司，根据需求建立总部与各分公司之间，以及分公司与分公司之间的数据通信网络，采用链路状态路由协议 OSPF。

【实训环境】

路由器 3 台，计算机 3 台，网线若干。

【网络拓扑】

OSPF 网络拓扑图如项目图 4-12 所示。

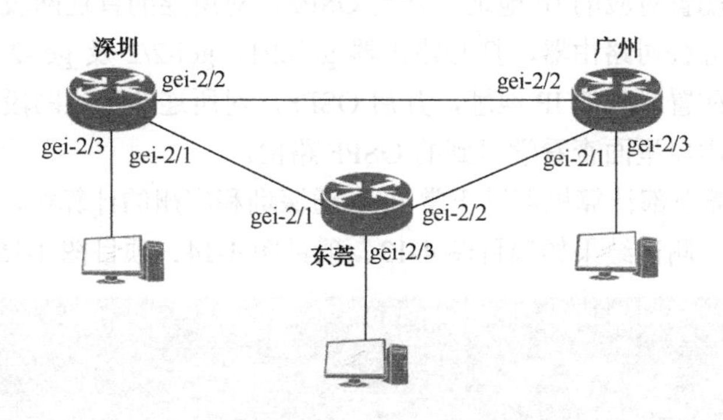

项目图 4-12　OSPF 网络拓扑图

【IP 地址规划表】

数据通信网的 IP 地址规划表如项目表 4-2 所示。

项目表 4-2　IP 地址规划表

地　区	端　口	IP 地 址
东莞	gei-2/1	10.1.1.1/30
	gei-2/2	30.1.1.1/30
	gei-2/3	192.168.1.1/24
	计算机	192.168.1.2/24
深圳	gei-2/1	10.1.1.2/30
	gei-2/2	20.1.1.1/30
	gei-2/3	192.168.2.1/24
	计算机	192.168.2.2/24
广州	gei-2/1	30.1.1.2/30
	gei-2/2	20.1.1.2/30
	gei-2/3	192.168.3.1/24
	计算机	192.168.3.2/24

【实训步骤】

（1）根据背景描述，理解问题需求，规划出 IP 地址表。

（2）根据背景描述，画出三地网络拓扑图，并标出对应设备的端口号。

（3）根据网络拓扑图，进行对应的设备连线，并且配置各地计算机的 IP 地址。

（4）进入东莞总部路由器，打开路由器 gei-2/1、gei-2/2 及 gei-2/3 端口，并根据 IP 地址规划表，分别配置对应的 IP 地址，开启 OSPF，对所连的直连网段进行路由通告。

（5）进入深圳分公司路由器，打开路由器 gei-2/1、gei-2/2 及 gei-2/3 端口，并根据 IP 地址规划表，分别配置对应的 IP 地址，开启 OSPF，对所连的直连网段进行路由通告。

（6）进入广州分公司路由器，打开路由器 gei-2/1、gei-2/2 及 gei-2/3 端口，并根据 IP 地址规划表，分别配置对应的 IP 地址，开启 OSPF，对所连的直连网段进行路由通告。

（7）在三台路由器里面查看学习到的 OSPF 路由。

（8）测试：东莞总部计算机可以正常 Ping 通深圳和广州的计算机，同时广州和深圳的计算机也可以互通。测试结果如项目图 4-13、项目图 4-14、项目图 4-15 所示。

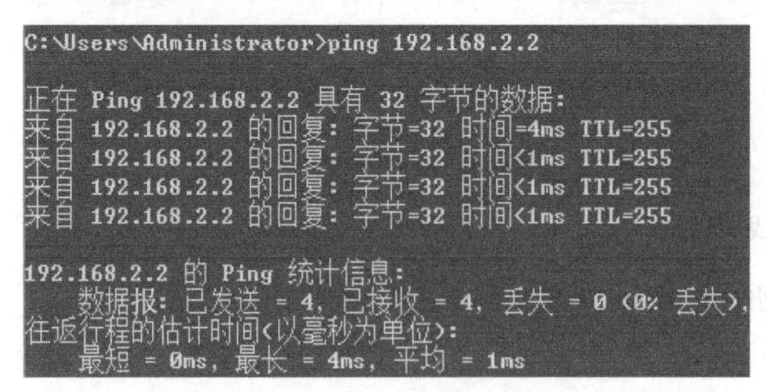

项目图 4-13　东莞与深圳的计算机互通

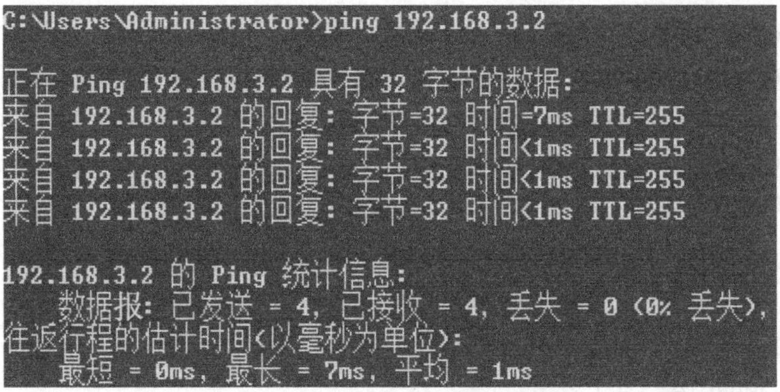

```
C:\Users\Administrator>ping 192.168.3.2

正在 Ping 192.168.3.2 具有 32 字节的数据:
来自 192.168.3.2 的回复: 字节=32 时间=7ms TTL=255
来自 192.168.3.2 的回复: 字节=32 时间<1ms TTL=255
来自 192.168.3.2 的回复: 字节=32 时间<1ms TTL=255
来自 192.168.3.2 的回复: 字节=32 时间<1ms TTL=255

192.168.3.2 的 Ping 统计信息:
    数据报: 已发送 = 4, 已接收 = 4, 丢失 = 0 (0% 丢失),
往返行程的估计时间(以毫秒为单位):
    最短 = 0ms, 最长 = 7ms, 平均 = 1ms
```

项目图 4-14 东莞与广州的计算机互通

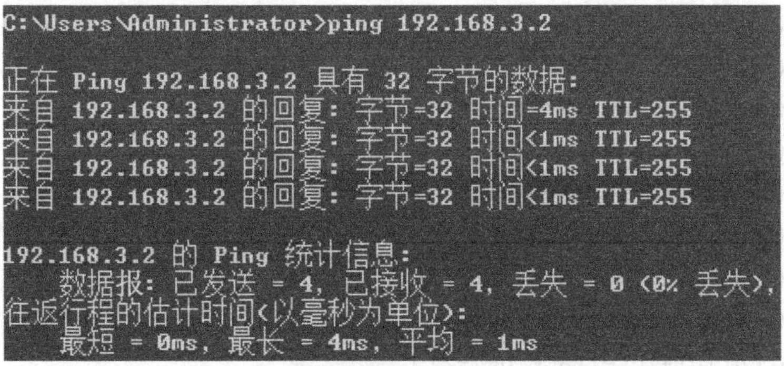

```
C:\Users\Administrator>ping 192.168.3.2

正在 Ping 192.168.3.2 具有 32 字节的数据:
来自 192.168.3.2 的回复: 字节=32 时间=4ms TTL=255
来自 192.168.3.2 的回复: 字节=32 时间<1ms TTL=255
来自 192.168.3.2 的回复: 字节=32 时间<1ms TTL=255
来自 192.168.3.2 的回复: 字节=32 时间<1ms TTL=255

192.168.3.2 的 Ping 统计信息:
    数据报: 已发送 = 4, 已接收 = 4, 丢失 = 0 (0% 丢失),
往返行程的估计时间(以毫秒为单位):
    最短 = 0ms, 最长 = 4ms, 平均 = 1ms
```

项目图 4-15 深圳与广州的计算机互通

步骤（4）的相关命令如下：

```
ZXR10>
ZXR10>enable
ZXR10#config terminal
ZXR10(config)#hostname DG-R
DG-R(config)#interface gei-2/1
DG-R(config-if-gei-2/1)#ip address 10.1.1.1  255.255.255.252
DG-R(config-if-gei-2/1)#no shutdown
DG-R(config-if-gei-2/1)#exit
DG-R(config)#interface gei-2/2
DG-R(config-if-gei-2/2)#ip address 30.1.1.1  255.255.255.252
DG-R(config-if-gei-2/2)#no shutdown
DG-R(config-if-gei-2/2)#exit
DG-R(config)#interface gei-2/3
DG-R(config-if-gei-2/3)#ip address 192.168.1.1  255.255.255.0
DG-R(config-if-gei-2/3)#no shutdown
DG-R(config-if-gei-2/3)#exit
DG-R(config)#router ospf 1                                    ! 开启OSPF进程
```

```
DG-R(config-router)#network 192.168.1.0 0.0.0.255 area 0  ！网段通告
DG-R(config-router)#network 10.1.1.0 0.0.0.3 area 0
DG-R(config-router)#network 30.1.1.0 0.0.0.3 area 0
DG-R(config)#end
DG-R#
```

步骤（5）的相关命令如下：

```
ZXR10>
ZXR10>enable
ZXR10#config terminal
ZXR10(config)#hostname SZ-R
SZ-R(config)#interface gei-2/1
SZ-R(config-if-gei-2/1)#ip address 10.1.1.2  255.255.255.252
SZ-R(config-if-gei-2/1)#no shutdown
SZ-R(config-if-gei-2/1)#exit
SZ-R(config)#interface gei-2/2
SZ-R(config-if-gei-2/2)#ip address 20.1.1.1  255.255.255.252
SZ-R(config-if-gei-2/2)#no shutdown
SZ-R(config-if-gei-2/2)#exit
SZ-R(config)#interface gei-2/3
SZ-R(config-if-gei-2/3)#ip address 192.168.2.1  255.255.255.0
SZ-R(config-if-gei-2/3)#no shutdown
SZ-R(config-if-gei-2/3)#exit
SZ-R(config)#router ospf 1                         ！开启OSPF进程
SZ-R(config-router)#network 192.168.2.0 0.0.0.255 area 0   ！网段通告
SZ-R(config-router)#network 10.1.1.0 0.0.0.3 area 0
SZ-R(config-router)#network 20.1.1.0 0.0.0.3 area 0
SZ-R(config)#end
SZ-R#show ip route                              ！查看是否学习到相关路由
```

步骤（6）的相关命令如下：

```
ZXR10>
ZXR10>enable
ZXR10#config terminal
ZXR10(config)#hostname GZ-R
GZ-R(config)#interface gei-2/1
GZ-R(config-if-gei-2/1)#ip address 30.1.1.2  255.255.255.252
GZ-R(config-if-gei-2/1)#no shutdown
GZ-R(config-if-gei-2/1)#exit
GZ-R(config)#interface gei-2/2
```

```
GZ-R(config-if-gei-2/2)#ip address 20.1.1.2  255.255.255.252
GZ-R(config-if-gei-2/2)#no shutdown
GZ-R(config-if-gei-2/2)#exit
GZ-R(config)#interface gei-2/3
GZ-R(config-if-gei-2/3)#ip address 192.168.3.1  255.255.255.0
GZ-R(config-if-gei-2/3)#no shutdown
GZ-R(config-if-gei-2/3)#exit
GZ-R(config)#router ospf 1                          ！开启OSPF进程
GZ-R(config-router)#network 192.168.3.0 0.0.0.255 area 0     ！网段通告
GZ-R(config-router)#network 20.1.1.0 0.0.0.3 area 0
GZ-R(config-router)#network 30.1.1.0 0.0.0.3 area 0
GZ-R(config)#end
GZ-R#show ip route                          !查看是否学习到相关路由
```

思考与练习

分析两个实训任务后发现通过网络从深圳分公司访问广州分公司有两条路可以选择，分别是深圳→广州，深圳→东莞→广州。如果在深圳的计算机上使用 tracert（路由跟踪，用来测试从原地址出发到达目的地址，中间所经过的路由节点）命令来测试。请问从深圳出发到达广州，中间需要经过哪些路由节点？

如果将深圳与广州网络连接的中间链路带宽设置为 10M（默认为 100M），此时再次测试深圳到广州的路由跟踪，请问路由节点与之前是否有差别？为什么？

项目5 虚拟局域网

项目目标

（1）掌握虚拟局域网的定义和用途。

（2）会利用交换机划分虚拟局域网。

（3）掌握虚拟局域网间的通信方式。

项目分析

通过前面章节的学习，我们已经了解了交换机和路由器的功能和作用。对于交换机来讲，由于局域网的工作机制，连接在同一台交换机上的设备处于同一网段。在默认情况下，交换机接收到的广播数据报会转发至所有 UP 端口上去。随着接入的设备越来越多，相互之间的干扰也会越来越多，网络的安全性存在一定的隐患。

本章将重点介绍如何减少接入设备相互之间的干扰，提高企业网络的安全性。

项目任务

任务一　虚拟局域网的划分

任务二　利用单臂路由实现虚拟局域网间通信

任务三　利用三层交换机实现虚拟局域网间通信

任务一 虚拟局域网的划分

预备知识

背景描述

企业A为一家初创企业，公司规模较小，小刘利用交换机为企业搭建了办公网络，并且协助企业处理一些紧急网络故障。一段时间后，企业网络就经常出现速度慢，甚至内部计算机之间共享文档时的传递速度都很慢等状况，这使得企业的办公效率非常低下。小刘通过分析，发现原来是办公网络中病毒了。病毒数据通过不断地发送广播数据报，把整个交换机的带宽全部占用，导致正常的数据无法进行交换。

如何减小病毒广播数据报的发送范围，搭建一个健壮的、能持续良好运营的企业办公网络，是这一节课所要学习的内容。

5.1 什么是虚拟局域网

5.1.1 虚拟局域网的由来

企业A的办公网络拓扑如项目图5-1所示。

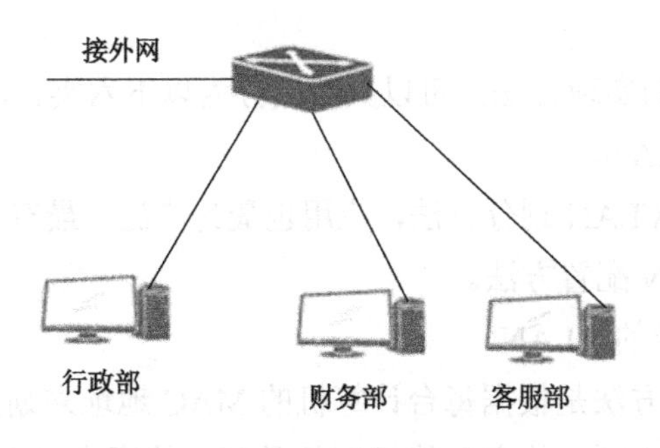

项目图5-1 企业A的办公网络拓扑

当客服部的计算机中病毒时，会向所在网段的全部计算机发送大量无用的广播数据报，由于整个公司在同一个局域网内，核心交换机会针对该网段内的所有计算机转发广播数据报，从而导致交换机的带宽资源大部分用于转发广播数据报，而对正常的数据报，却无能力提供高速转发。

虚拟局域网（Virtual Local Area Network，VLAN）技术是一种将局域网（LAN）设备从逻辑上划分（注意，不是从物理上划分）成一个个网段（或者说是更小的局域网），从而实现虚拟工作组（单元）的数据交换技术。

VLAN 技术的出现，使得管理员可以根据实际应用需求，将同一物理局域网内的不同用户从逻辑上划分成不同的广播域，每一个 VLAN 都包含一组有着相同需求的计算机工作站，与物理上形成的 LAN 有着相同的属性。由于它是从逻辑上划分的，而不是从物理上划分的，所以同一个 VLAN 内的各个工作站没有限制在同一个物理范围中，即这些工作站可以在不同物理 LAN 网段。由 VLAN 的特点可知，一个 VLAN 内部的广播和单播流量都不会转发到其他 VLAN 中，从而有助于控制流量、减少设备投资、简化网络管理、提高网络的安全性。

应用 VLAN 技术将网络划分为多个广播域后，不仅能有效地减小广播风暴的传播范围，使网络的拓扑结构变得非常灵活，还可以用于控制网络中不同部门、不同站点之间的互相访问。

下面的例子可以很好地说明 VLAN 的意义。

某网吧有两层共 800 台计算机，且上网费用也很便宜，2 元/小时，因此去该网吧上网的人非常多。尤其到了周末，整个网吧声音嘈杂，人员流动大，且整个网吧气味难闻，环境不好也影响了客人的上网体验，很多客人都反映了这个问题，为了能让客人有更好的上网体验，网吧设计改造了整个营业环境，将二楼改造成 VIP 包厢，每个包厢还配备了电子刷卡门锁，这样每个来包厢上网的客户就有了自己的私密空间，再也不受其他人的影响。

在这里，原来的网吧就像交换机，每个包厢就像每个 VLAN，不同包厢之间不能直接出入，就像不同的 VLAN 间不能互访一样。

5.1.2 如何实现 VLAN 划分

VLAN 在交换机上的实现方法，可以大致划分为以下六类。

（1）基于端口的 VLAN。

这是最常用的一种 VLAN 划分方法，应用也最为广泛、最有效，目前绝大多数 VLAN 交换机都提供这种 VLAN 配置方法。

（2）基于 MAC 地址的 VLAN。

这种划分 VLAN 的方法是根据每台计算机的 MAC 地址来划分的，即对每个 MAC 地址的计算机进行配置并分组，其实现的机制就是每一块网卡都对应唯一的 MAC 地址，VLAN 交换机跟踪属于 VLAN MAC 的地址。这种方式的 VLAN 允许网络用户从一个物理位置移动到另一个物理位置时，自动保留其所属 VLAN 的成员身份。

（3）基于网络层协议的 VLAN。

VLAN 按网络层协议来划分，可分为 IP、IPX、DECnet、AppleTalk、Banyan 等 VLAN 网络。这种按网络层协议来组成的 VLAN，可使广播域跨越多个 VLAN 交换机。

（4）根据 IP 组播的 VLAN。

IP 组播实际上也是一种 VLAN 的定义，即认为一个 IP 组播组就是一个 VLAN。

（5）按策略划分的 VLAN。

基于策略组成的 VLAN 能实现多种分配方法，包括 VLAN 交换机端口、MAC 地址、IP 地址、网络层协议等。

（6）按子网归属划分 VLAN。

为了适应特别的 VLAN 网络，根据具体的网络用户的特别要求来定义和设计 VLAN，而且可以让非 VLAN 群体作为该 VLAN 的一个子集访问该 VLAN，但是需要提供用户密码，在得到 VLAN 管理人员的认证后才可以访问这个 VLAN。

网络管理人员可根据自己的管理模式和本单位的需求来决定选择哪种类型的 VLAN。

5.1.3 VLAN 的链路类型

如项目图 5-2 所示，VLAN 可以跨越交换机，不同交换机上相同 VLAN 的成员处于一个广播域，可以直接相互访问。如项目图 5-2 中的所有 VLAN 3 的数据都能通过中间的过渡交换机实现通信，同样 VLAN 5 的数据也可以相互传递。

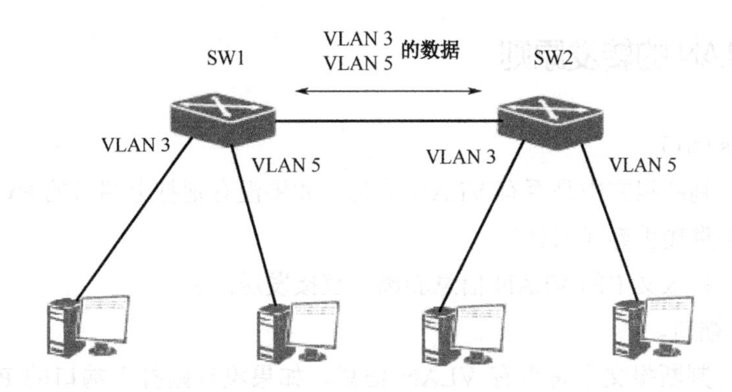

项目图 5-2 跨交换机的 VLAN

（1）接入链路：连接主机和交换机的链路称为接入链路（Access Link）。通常情况下主机并不需要知道自己属于哪些 VLAN，主机的硬件也不一定支持带有 VLAN 标记的帧。主机要求发送和接收的帧都是没有打上标记的帧。接入链路属于某一个特定的端口，这个端口属于一个并且只能是一个 VLAN。这个端口不能直接接收其他 VLAN 的信息，也不能直接向其他 VLAN 发送信息。不同 VLAN 的信息必须通过三层路由处理才能转发到这个端口上。

（2）中继链路：交换机间互连的链路称为中继链路（Trunk Link）。中继链路是可以承载多个不同 VLAN 数据的链路。或者用于交换机和路由器之间的连接。数据帧在中继链路上传输的时候，交换机必须用一种方法来识别数据帧是属于哪个 VLAN 的。IEEE802.1Q 定义了 VLAN 帧格式，所有在中继链路上传输的帧都是打上标记的帧（Tagged Frame）。通过这些标记，交换机就可以确定哪些帧分别属于哪个 VLAN。

5.1.4 VLAN 的端口类型

VLAN 的端口分三种类型：Access 端口、Trunk 端口、Hybrid 端口，其中 Access 端口和 Trunk 端口是最常用的两种端口。

（1）Access 端口一般在连接 PC 时使用，发送不带标签的报文。一个 Access 端口只属于一个 VLAN。默认所有端口都包含在 VLAN 1 中，且都是 Access 端口。Access 端口的 PVID 值与其所属的 VLAN 相关。

（2）Trunk 端口一般用于交换机级联端口传递多组 VLAN 信息时使用。一个 Trunk 端口可以属于多个 VLAN。Trunk 端口的 PVID 值与其所属 VLAN 无关，默认值为 1。

（3）Hybrid 端口是混合端口。可以用于交换机之间连接，也可以用于连接 PC，Hybrid 端口可以属于多个 VLAN，可以接收和发送多个 VLAN 的报文。Hybrid 端口和 Trunk 端口在接收数据时，处理方法是一样的，唯一不同之处在于发送数据时，Hybrid 端口可以允许多个 VLAN 的报文发送时不打标签，而 Trunk 端口只允许默认 VLAN 的报文发送时不打标签。

5.1.5 VLAN 的转发原则

（1）Access 端口。

接收报文：判断报文中是否有 VLAN 信息，如果没有则打上端口的 PVID 值，并进行转发；如果有则直接丢弃（默认）。

发送报文：将报文中的 VLAN 信息剥离，直接发送出去。

（2）Trunk 端口。

接收报文：判断报文中是否有 VLAN 信息，如果没有则打上端口的 PVID 值，并进行转发；如果有则判断该 Trunk 端口是否允许该 VLAN 的数据进入，允许则转发，否则丢弃。

发送报文：比较端口的 PVID 值和将要发送报文的 VLAN 信息，如果两者相等则剥离 VLAN 信息，再发送；如果不相等则直接发送

（3）Hybrid 端口。

接收报文：判断报文中是否有 VLAN 信息，如果没有则打上端口的 PVID 值，并进行转发；如果有则判断该 Hybrid 端口是否允许该 VLAN 的数据进入，允许则转发，否则丢弃（此时端口上的 untag 配置是不用考虑的，untag 配置只对发送报文时起作用）。

发送报文：判断该 VLAN 在本端口的属性，如果是 untag 则剥离 VLAN 信息，再发送；如果是 tag 则直接发送。

5.1.6 VLAN 的帧结构

为了使不同厂家设备互连互通，IEEE 制定了通用 VLAN 标准，形成了虚拟桥接 LAN 的 IEEE 802.1Q 规范。IEEE 802.1Q 规范中定义了 VLAN 帧格式，为识别帧属于哪个 VLAN 提供了一个标准的方法。这个格式统一了标识 VLAN 的方法，保证不同厂家设备的 VLAN 可以互通。

如项目图 5-3 所示为 VLAN 的帧结构示意图。

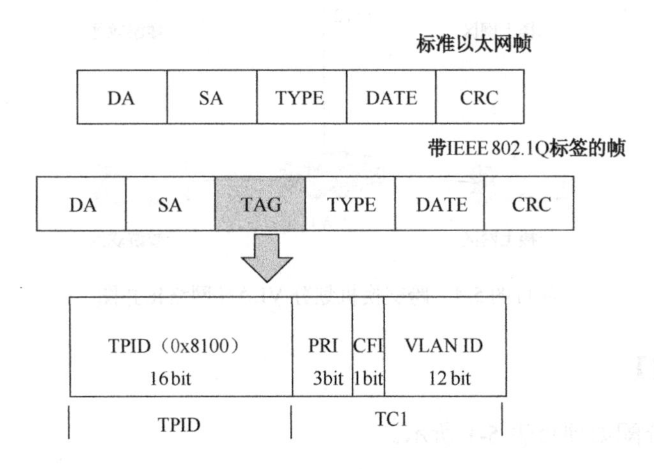

项目图 5-3 VLAN 的帧结构示意图

各个字段含义如下：

TPID：标记协议标识符，字段占 2 字节，值固定为 16 进制的 0x8100，表明了这个帧承载的是 IEEE 802.1Q 标签信息。这个值必须区别于以太网类型字段中的任何值。

TCI：标记控制信息，包含一个 3 bit 的用户优先级（PRI）字段，用来在支持 IEEE802.1Q 规范的交换机进行帧转发的过程中标识帧的优先级。1 bit 的网络表示类型（CFI），以太网中默认值为 0，以及 12 bit 的 VLAN ID 号码，指明了该数据报分属于哪一个 VLAN。在以太网中最多支持 4094 个 VLAN（VLAN ID 1～4094），其中，VLAN 4095 预留，VLAN 1 是默认 VLAN，通常不可以删除。

项目实施

【任务描述】

一家网吧共有两层，一楼、二楼均设有上网影视区和高端游戏区。为了让顾客能有更好的上网体验，网吧计划让上网与游戏互不干涉，让上网顾客与游戏玩家都能享受到更高速的网络服务。请为这家网吧重新设置网络。

【实训环境】

24 端口交换机 2 台，计算机 4 台，Console 线 1 条。

【网络拓扑】

如项目图 5-4 所示为跨交换机划分 VLAN 网络拓扑图。

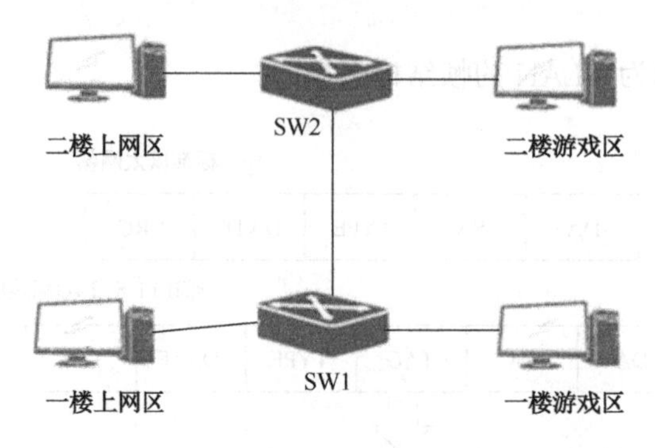

项目图 5-4　跨交换机划分 VLAN 网络拓扑图

【IP 地址规划】

交换机端口分配如项目表 5-1 所示。

项目表 5-1　交换机端口分配表

	上网影视区	高端游戏区
VLAN 号	VLAN 10	VLAN 20
交换机 1	fei_1/1～fei_1/10	fei_1/11～fei_1/20
交换机 2	fei_1/1～fei_1/10	fei_1/11～fei_1/20

IP 地址规划表如项目表 5-2 所示。

项目表 5-2　IP 地址规划表

	IP　地　址
二楼上网区	192.168.1.1/24
一楼上网区	192.168.1.2/24
二楼游戏区	192.168.1.3/24
一楼游戏区	192.168.1.4/24

【实训步骤】

（1）阅读背景描述，理解网络要求。

（2）按照网络拓扑，规划好相应的网段 IP 地址。

（3）分别在 SW1 和 SW2 上新建 2 个 VLAN，即 VLAN 10 和 VLAN 20，并且分别将对应的端口划分到对应的 VLAN 里面去。

（4）将两台交换机连接的端口工作模式设置为 Trunk。

（5）将计算机连接至相应的交换机端口，配置好对应的 IP 地址。

（6）测试对应区域的计算机连通性，正常情况下，一楼上网区与二楼上网区之间是互通的。一楼游戏区与二楼游戏区是互通的，但是上网区与游戏区是不通的。

二楼上网区的计算机测试结果如项目图 5-5、项目图 5-6 所示。

```
C:\Users\Administrator>ping 192.168.1.2

正在 Ping 192.168.1.2 具有 32 字节的数据:
来自 192.168.1.2 的回复: 字节=32 时间=1ms TTL=255
来自 192.168.1.2 的回复: 字节=32 时间=1ms TTL=255
来自 192.168.1.2 的回复: 字节=32 时间=8ms TTL=255
来自 192.168.1.2 的回复: 字节=32 时间=6ms TTL=255

192.168.1.2 的 Ping 统计信息:
    数据报: 已发送 = 4, 已接收 = 4, 丢失 = 0 (0% 丢失),
往返行程的估计时间(以毫秒为单位):
    最短 = 1ms, 最长 = 8ms, 平均 = 4ms
```

项目图 5-5　二楼上网区和一楼上网区可以互通

```
C:\Users\Administrator>ping 192.168.1.3

正在 Ping 192.168.1.3 具有 32 字节的数据:
请求超时。
请求超时。
请求超时。
请求超时。

192.168.1.3 的 Ping 统计信息:
    数据报: 已发送 = 4, 已接收 = 4, 丢失 = 0 (0% 丢失),
```

项目图 5-6　二楼上网区和二楼游戏区不通

二楼游戏区的计算机测试结果如项目图 5-7 所示。

```
C:\Users\Administrator>ping 192.168.1.4

正在 Ping 192.168.1.4 具有 32 字节的数据:
来自 192.168.1.4 的回复: 字节=32 时间=5ms TTL=255
来自 192.168.1.4 的回复: 字节=32 时间=1ms TTL=255
来自 192.168.1.4 的回复: 字节=32 时间=1ms TTL=255
来自 192.168.1.4 的回复: 字节=32 时间=1ms TTL=255

192.168.1.4 的 Ping 统计信息:
    数据报: 已发送 = 4, 已接收 = 4, 丢失 = 0 (0% 丢失),
往返行程的估计时间(以毫秒为单位):
    最短 = 1ms, 最长 = 5ms, 平均 = 2ms
```

项目图 5-7　二楼游戏区和一楼游戏区可以互通

相关命令如下：

```
Switch>
Switch>enable
Password:
Switch#config terminal
Switch(config)#vlan 10                              ！新建VLAN 10
Switch(config-vlan10)#name shangwang                ！为VLAN 10命名
Switch(config-vlan10)#switchport pvid fei_1/1-10
                                              ！把fei_1/1-fei_1/10划入VLAN 10
Switch(config-vlan10)#exit
Switch(config)#vlan 20
Switch(config-vlan20)#name youxi
Switch(config-vlan20)#switchport pvid fei_1/11-20
Switch(config-vlan20)#exit
Switch(config)#sh vlan
Switch(config)#interface fei_1/24
Switch(config-fei_1/24)#switchport mode trunk
                                             ！把fei_1/24端口设置为Trunk模式
Switch(config-fei_1/24)#end
Switch#
```

SW2 的命令和 SW1 的命令完全一样。

任务二　利用单臂路由实现虚拟局域网间通信

预备知识

背景描述

企业A的网络管理员小刘通过划分VLAN,将不同的部门划分到不同的VLAN中去，有效地解决了部门之间数据的相互影响，保障了企业数据的安全性，但是随之而来的一个问题就是：企业各部门之间正常的数据也无法共享了。那么如何既保障部门数据的安全，又能相互共享授权文件成了摆在小刘面前的一道难题。

5.2 VLAN间通信

5.2.1 通过普通路由器实现VLAN间通信

路由器是用于不同网段之间通信的。不同的VLAN相当于是不同的网段，同时路由器还可以阻止广播数据的发送。因此可以利用普通路由器来实现不同VLAN间通信，如项目图5-8所示。

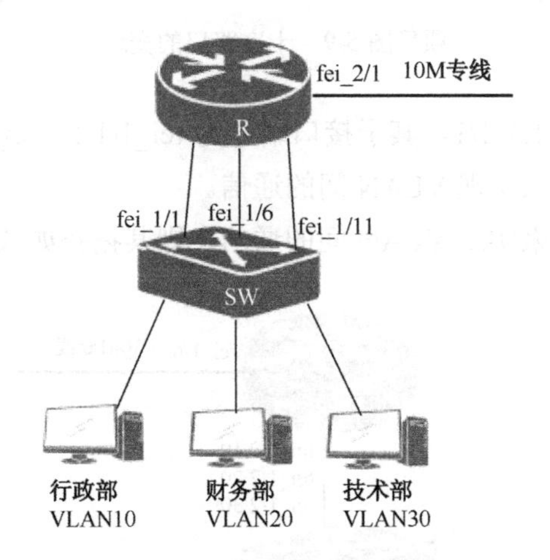

项目图5-8 利用普通路由器来实现不同VLAN间通信

利用普通路由器来实现VLAN间通信有以下特点。

（1）普通路由器的以太网口就可以实现不同VLAN间通信。

（2）每个VLAN需要占用一个路由器接口，每增加一个VLAN，需要相应地增加一个路由器的物理端口，成本太高，灵活性与可扩展性较差。

5.2.2 利用路由子接口方式实现VLAN间通信

（1）路由子接口的概念。

路由子接口（sub-interface）是指通过协议和技术将一个物理接口（interface）虚拟出的多个逻辑接口。

利用项目图5-9所示的十字路口的变迁来举例说明路由子接口的概念。

以十字路口来代替路由器。早期的路由器，由于网络带宽很窄，每个接口只能接一个局域网。但是对于现在的路由器来讲，由于网络带宽非常宽，每个接口可以同时容纳的局域网个数非常多。一个“子接口”就好比现代十字路口的一个“车道”。相对于子接口而言，物理接口被称为“主接口”。每个子接口从功能、作用上来说，与每个物理接口是没有任何区别的，通过子接口变相地增加了路由器的接口。

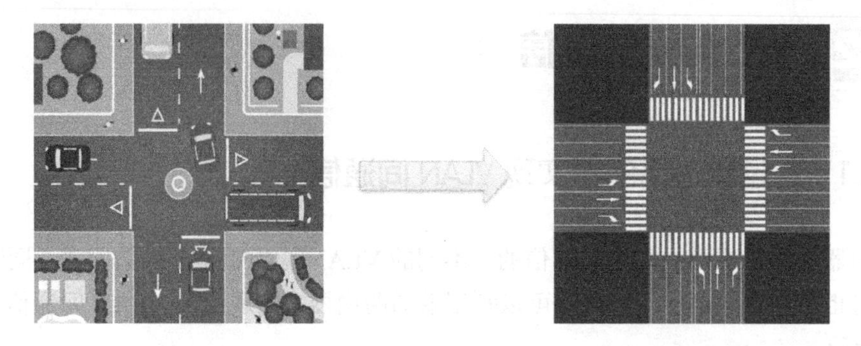

项目图 5-9　十字路口的变迁

如果主接口的编号为 fei_1/1，其子接口编号为 fei_1/1.1～fei_1/1.4094。

（2）通过路由子接口来实现 VLAN 间的通信。

如果采用路由子接口来实现 VLAN 间的通信，则其拓扑如项目图 5-10 所示。

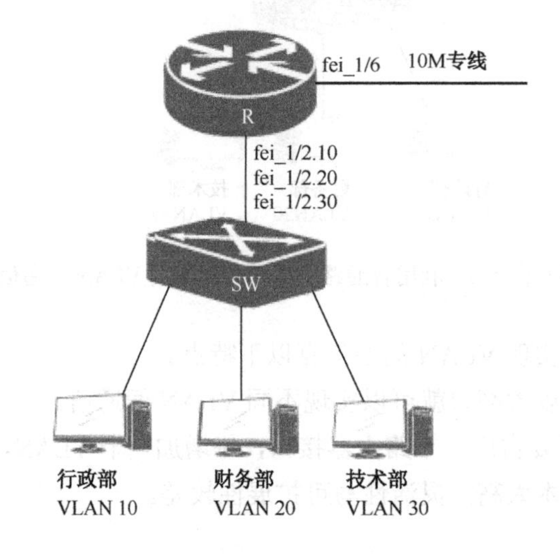

项目图 5-10　通过子接口来实现 VLAN 间通信拓扑

这种只需要占用路由器的一个物理接口就可以实现不同 VLAN 间通信的方案称为“利用单臂路由实现 VLAN 间通信的方案”。

项目实施

【任务描述】

某公司一共有 4 个部门，经常会出现因为某一台计算机中病毒而导致整个公司的网络不能正常运行的情况，这严重影响公司的运作。于是公司管理层要求针对这个问题提出解决方案。要求在隔离病毒的同时，保证各个部门正常的数据可以通信。网络管理部门经过研究分析后提出在保护原有设备投资的情况下，将通过架设新的路由器来解决以上问题。

【实训环境】

路由器1台，24端口交换机1台，计算机4台，网线若干。

【网络拓扑】

为完成实训要求设计了如项目图5-11所示网络拓扑图。

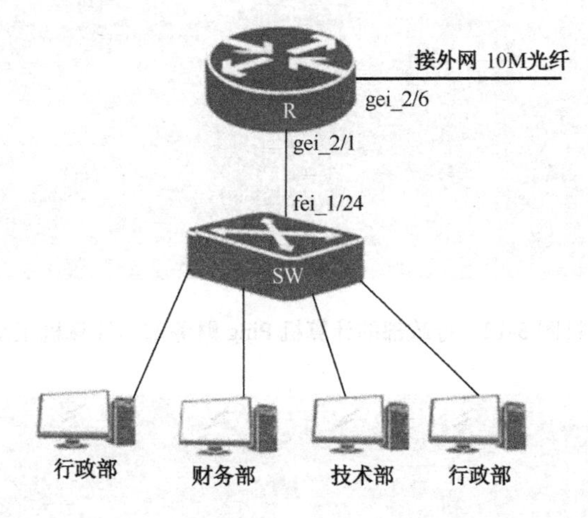

项目图5-11 网络拓扑图

【IP地址和VLAN规划】

IP地址和VLAN规划如项目表5-3所示。

项目表5-3 IP地址和VLAN规划表

部 门	交换机端口号	VLAN号	子接口IP分配	主 机 地 址
行政部	fei_1/1～fei_1/5	10	192.168.10.1/29	92.168.10.2/24
财务部	fei_1/6～fei_1/10	20	192.168.10.9/29	192.168.10.10/29
技术部	fei_1/11～fei_1/15	30	192.168.10.17/29	192.168.10.18/29
市场部	fei_1/16～fei_1/20	40	192.168.10.25/29	192.168.10.26/29

【实训步骤】

（1）按照网络拓扑，规划好网段IP地址。

（2）将各个部门的计算机与对应端口连接。

（3）交换机的配置操作：在交换机上新建4个VLAN，分别为VLAN 10、VLAN 20、VLAN 30、VLAN 40，并且将相应的交换机端口划分到对应的VLAN里面去，将与路由器相连的交换机端口，工作模式设置为Trunk。

（4）路由器的配置操作：打开路由器，将与交换机相连的端口打开，进入对应VLAN的子接口，将VLAN数据封装为IEEE 802.1Q标准，并配置对应子接口的IP地址。

（5）按照规划好的 IP 地址，配置各个部门计算机的 IP 地址。

（6）数据验证：在各部门计算机里 Ping 其他部门的计算机，其结果如项目图 5-12、项目图 5-13 所示。

```
C:\Users\Administrator>ping 192.168.10.10

正在 Ping 192.168.10.10 具有 32 字节的数据:
来自 192.168.10.10 的回复: 字节=32 时间=5ms TTL=255
来自 192.168.10.10 的回复: 字节=32 时间=1ms TTL=255
来自 192.168.10.10 的回复: 字节=32 时间=1ms TTL=255
来自 192.168.10.10 的回复: 字节=32 时间=1ms TTL=255

192.168.10.10 的 Ping 统计信息:
    数据报: 已发送 = 4, 已接收 = 4, 丢失 = 0 (0% 丢失),
往返行程的估计时间(以毫秒为单位):
    最短 = 1ms, 最长 = 5ms, 平均 = 2ms
```

项目图 5-12　行政部的计算机 Ping 财务部的计算机正常

```
C:\Users\Administrator>ping 192.168.10.26

正在 Ping 192.168.10.26 具有 32 字节的数据:
来自 192.168.10.26 的回复: 字节=32 时间=17ms TTL=255
来自 192.168.10.26 的回复: 字节=32 时间=7ms TTL=255
来自 192.168.10.26 的回复: 字节=32 时间=3ms TTL=255
来自 192.168.10.26 的回复: 字节=32 时间=1ms TTL=255

192.168.10.26 的 Ping 统计信息:
    数据报: 已发送 = 4, 已接收 = 4, 丢失 = 0 (0% 丢失),
往返行程的估计时间(以毫秒为单位):
    最短 = 1ms, 最长 = 17ms, 平均 = 7ms
```

项目图 5-13　技术部的计算机 Ping 市场部的计算机正常

步骤（3）的命令如下：

```
Switch>
Switch>enable
Switch#vlan database
Switch(vlan)#vlan 10 name cangku
Switch(vlan)#vlan 20 name kefu
Switch(vlan)#vlan 30 name caiwu
Switch(vlan)#vlan 40 name shouhou
Switch(vlan)#exit
Switch#config terminal
Switch(config)#vlan 10
```

```
Switch(config-vlan10)#switchport pvid fei_1/1-5
Switch(config-vlan10)#exit
Switch(config)#vlan 20
Switch(config-vlan20)#switchport pvid fei_1/6-10
Switch(config-vlan20)#exit
Switch(config)#vlan 30
Switch(config-vlan30)#switchport pvid fei_1/11-15
Switch(config-vlan30)#exit
Switch(config)#vlan 40
Switch(config-vlan40)#switchport pvid fei_1/16-20
Switch(config-vlan40)#end
Switch#show vlan
Switch#config terminal
Switch(config)#
Switch (config)#interface fei_1/24
Switch (config-fei_1/24)#switchport mode trunk
Switch (config-fei_1/24)#end
Switch#
```

步骤（4）的命令如下：

```
ZXR10>
ZXR10>enable
ZXR10#config terminal
ZXR10(config)#interface gei-2/1
ZXR10(config-if-gei-2/1)#no shutdown
ZXR10(config-if-gei-2/1)#exit
ZXR10(config)#interface gei-2/1.10
ZXR10(config-if-gei-2/1.10)#ip address 192.168.10.1  255.255.255.248
ZXR10(config-if-gei-2/1.10)#exit
ZXR10(config)#interface gei-2/1.20
ZXR10(config-if-gei-2/1.20)#ip address 192.168.10.9  255.255.255.248
ZXR10(config-if-gei-2/1.20)#exit
ZXR10(config)#interface gei-2/1.30
ZXR10(config-if-gei-2/1.30)#ip address 192.168.10.17  255.255.255.248
ZXR10(config-if-gei-2/1.30)#exit
ZXR10(config)#interface gei-2/1.40
ZXR10(config-if-gei-2/1.40)#ip address 192.168.10.25  255.255.255.248
ZXR10(config-if-gei-2/1.40)#exit
ZXR10(config)#vlan-configuration
ZXR10(config-vlan)#interface gei-2/1.10
ZXR10(config-vlan-if-gei-2/1.10)#encapsulation-dot1q 10
```

```
ZXR10(config-vlan-if-gei-2/1.10)#exit
ZXR10(config-vlan)#inte
ZXR10(config-vlan)#interface gei
ZXR10(config-vlan)#interface gei-2/1.20
ZXR10(config-vlan-if-gei-2/1.20)#encapsulation-dot1q 20
ZXR10(config-vlan-if-gei-2/1.20)#exit
ZXR10(config-vlan)#interface gei-2/1.30
ZXR10(config-vlan-if-gei-2/1.30)#encapsulation-dot1q 30
ZXR10(config-vlan-if-gei-2/1.30)#exit
ZXR10(config-vlan)#interface gei-2/1.40
ZXR10(config-vlan-if-gei-2/1.40)#encapsulation-dot1q 40
ZXR10(config-vlan-if-gei-2/1.40)#exit
ZXR10(config-vlan)#exit
ZXR10(config)#show ip interface brief
```

任务三　利用三层交换机实现虚拟局域网间通信

预备知识

5.3 通过三层交换机实现 VLAN 间通信

由于路由器价格昂贵，价格便宜的路由器又容易出现数据转发瓶颈，因此对于规模不是很大，数据量不是很大的企业，只需购买一台价格合适的路由器就能实现 VLAN 通信。而对数据流非常大的大中型企业，就可以采用三层交换机的方式实现 VLAN 间通信。

交换机是位于 OSI 模型的第二层——数据链路层的设备，所以说交换机是二层设备。所谓三层交换机就是在普通二层交换机的基础上，加载三层路由功能，让交换机具备路由寻址功能。

简单来说，三层交换机就是二层交换技术+三层路由技术。

三层交换技术的出现，打破了局域网中划分网段之后，各子网之间通信必须依赖路由器路由的局面，解决了传统路由器由于低速、复杂而造成的网络瓶颈问题，非常适合在局域网中实现核心交换机的功能。

普通二层交换机无法配置端口 IP 地址，那么三层交换机如何来配置 IP 地址呢？

三层交换机采用交换机虚拟接口（Switch Virtual Interface，SVI）配置 IP 地址，一个 SVI 代表一个由交换机端口构成的 VLAN 端口（其实就是通常所说的 VLAN 接口），该端口是虚拟存在的，用于连接整个VLAN，所以又称为逻辑三层端口，当交换机需要为VLAN提供路由功能时，需要配置该VLAN对应的SVI地址。

默认情况下，如果VLAN里面的端口全部处于关闭的状态，那么该VLAN的SVI也是默认关闭的，只要有一个端口打开，那么该VLAN的SVI就是打开状态。

项目实施

【任务描述】

A企业是一家非常知名的电商公司，日订单量达10000笔。该公司目前有自己的仓库、客服、财务、售后四个部门，为了提高自动化办公水平，公司新引进一套ERP系统。为了保证公司网络的稳定性和健壮性，企业网络管理员采用了VLAN技术，将各个部门相互之间隔离起来，同时采用三层交换机实现部门之间正常的数据通信，以保证ERP系统的自主运行。

【实训环境】

三层交换机1台，计算机4台，网线若干。

【网络拓扑】

如项目图5-14所示为电商公司的网络拓扑。

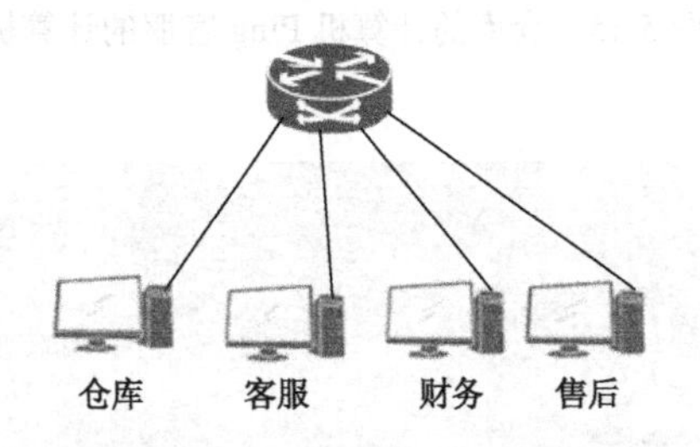

项目图5-14 电商公司的网络拓扑

【IP地址和VLAN规划】

如项目表5-4所示为IP地址和VLAN规划表。

项目表5-4 IP地址和VLAN规划表

部 门	交换机端口号	VLAN号	子接口IP分配	主机地址
仓库	fei_1/1～fei_1/5	10	192.168.10.1/29	92.168.10.2/24
客服	fei_1/6～fei_1/10	20	192.168.10.9/29	192.168.10.10/29
财务	fei_1/11～fei_1/15	30	192.168.10.17/29	192.168.10.18/29
售后	fei_1/16～fei_1/20	40	192.168.10.25/29	192.168.10.26/29

【实训步骤】

（1）按照网络拓扑，规划好网络 IP 地址。

（2）将各个部门的计算机与对应端口连接。

（3)在三层交换机上新建 4 个 VLAN，分别为 VLAN 10、VLAN 20、VLAN 30、VLAN 40，并将相应的交换机端口划分到对应的 VLAN 里面去，根据 IP 地址和 VLAN 规划表，配置 4 个 VLAN 对应的 IP 地址，即配置 SVI 地址。

（6）根据 IP 地址和 VLAN 规划表，配置各个部门计算机的 IP 地址。

（7）结果验证：4 个部门 4 台计算机可以两两相互通信，其中仓库的计算机 Ping 客服的计算机和财务的计算机 Ping 售后的计算机的验证结果如项目图 5-15、项目图 5-16 所示。

```
C:\Users\Administrator>ping 192.168.10.10

正在 Ping 192.168.10.10 具有 32 字节的数据:
来自 192.168.10.10 的回复: 字节=32 时间=5ms TTL=255
来自 192.168.10.10 的回复: 字节=32 时间=1ms TTL=255
来自 192.168.10.10 的回复: 字节=32 时间=1ms TTL=255
来自 192.168.10.10 的回复: 字节=32 时间=1ms TTL=255

192.168.10.10 的 Ping 统计信息:
    数据报: 已发送 = 4, 已接收 = 4, 丢失 = 0 (0% 丢失),
往返行程的估计时间(以毫秒为单位):
    最短 = 1ms, 最长 = 5ms, 平均 = 2ms
```

项目图 5-15　仓库的计算机 Ping 客服的计算机正常

```
C:\Users\Administrator>ping 192.168.10.26

正在 Ping 192.168.10.26 具有 32 字节的数据:
来自 192.168.10.26 的回复: 字节=32 时间=17ms TTL=255
来自 192.168.10.26 的回复: 字节=32 时间=7ms TTL=255
来自 192.168.10.26 的回复: 字节=32 时间=3ms TTL=255
来自 192.168.10.26 的回复: 字节=32 时间=1ms TTL=255

192.168.10.26 的 Ping 统计信息:
    数据报: 已发送 = 4, 已接收 = 4, 丢失 = 0 (0% 丢失),
往返行程的估计时间(以毫秒为单位):
    最短 = 1ms, 最长 = 17ms, 平均 = 7ms
```

项目图 5-16　财务的计算机 Ping 售后的计算机正常

步骤（3）的命令如下：

```
Switch>
Switch>enable
Switch#vlan database
Switch(vlan)#vlan 10 name cangku
```

```
Switch(vlan)#vlan 20 name kefu
Switch(vlan)#vlan 30 name caiwu
Switch(vlan)#vlan 40 name shouhou
Switch(vlan)#exit
Switch#config terminal
Switch(config)#vlan 10
Switch(config-vlan10)#switchport pvid fei_1/1-5
Switch(config-vlan10)#exit
Switch(config)#vlan 20
Switch(config-vlan20)#switchport pvid fei_1/6-10
Switch(config-vlan20)#exit
Switch(config)#vlan 30
Switch(config-vlan30)#switchport pvid fei_1/11-15
Switch(config-vlan30)#exit
Switch(config)#vlan 40
Switch(config-vlan40)#switchport pvid fei_1/16-20
Switch(config-vlan40)#end
Switch#show vlan
Switch#config terminal
Switch(config)#interface vlan 10
Switch(config-if-vlan10)#ip address 192.168.10.1 255.255.255.248
Switch(config-if-vlan10)#exit
Switch(config)#interface vlan 20
Switch(config-if-vlan20)#ip address 192.168.10.9 255.255.255.248
Switch(config-if-vlan20)#exit
Switch(config)#interface vlan 30
Switch(config-if-vlan30)#ip address 192.168.10.17 255.255.255.248
Switch(config-if-vlan30)#exit
Switch(config)#interface vlan 40
Switch(config-if-vlan40)#ip address 192.168.10.25 255.255.255.248
Switch(config-if-vlan10)#end
Switch#
```

思考与练习

如项目图 5-17 所示为某科技园区的网络拓扑图，该园区一共有 3 栋办公楼，请自行分配 IP 地址和 VLAN 信息，实现各个部门之间数据信息共享，同时保证园区网络的安全性。

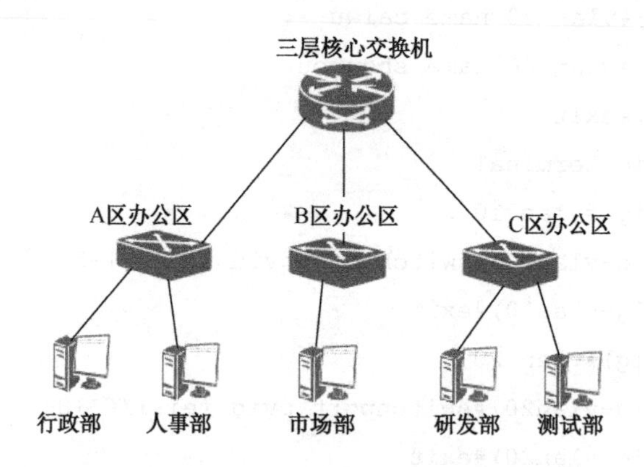

项目图 5-17　某科技园区的网络拓扑图

项目 6 数据通信扩展技术

项目目标

（1）掌握 DHCP 技术及其配置方法。
（2）掌握 ACL 技术及其配置方法。
（3）掌握 NAT 技术及其配置方法。

项目分析

经过前面对网络互连任务的理论学习和实训练习，相信大家已经初步具备了运用路由器和交换机来实现网络互连的能力，本项目将介绍如何运用 DHCP 技术来架设 WiFi 网络；如何运用 NAT 技术来使局域网与互联网相连；如何运用 ACL 技术来增强网络的安全防护能力，防止数据被非法窃取。

项目任务

任务一　DHCP 技术的基本配置
任务二　ACL 技术的基本配置
任务三　NAT 技术的基本配置

任务一　DHCP 技术的基本配置

预备知识

背景描述

无线互联时代 ，WiFi 热点到处都是，人们拿着手机、IPAD、笔记本电脑等终端，随便到一个地方，都可以搜到好多的热点。当人们输入相应的 WiFi 密码之后，会有一个自动获取 IP 地址的过程，如项目图 6-1 所示。

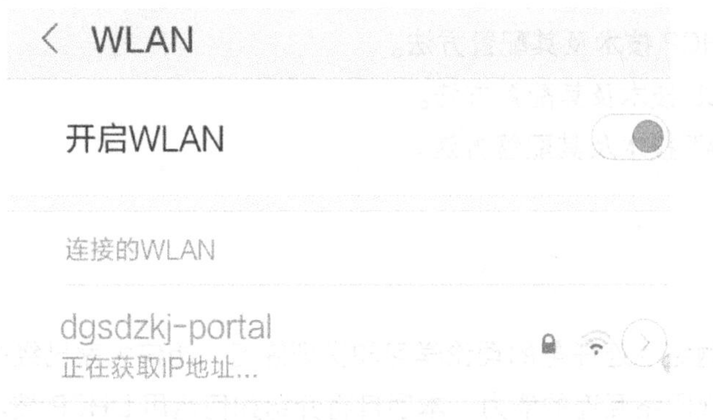

项目图 6-1　手机连接 WiFi 时正在获取 IP 地址

但是如何才能让手机获取到 IP 地址，并连接上无线 WiFi 热点呢？解决这个问题就需要用到这一节课所要讨论的 DHCP 技术。

6.1 DHCP 技术及应用

6.1.1 DHCP 技术介绍

DHCP（Dynamic Host Configuration Protocol，动态主机配置协议）通常被应用在大型局域网和无线网络环境中，主要作用是集中地管理、分配 IP 地址，使网络环境中的主机动态地获得 IP 地址、Gateway 地址、DNS 服务器地址等信息，并能够提升地址的使用率。

DHCP 技术采用客户端/服务器（C/S）模型，主机地址的动态分配任务由网络主机驱动。当 DHCP 服务器接收到来自网络主机的申请地址信息时，才会向网络主机发送相关的地址配置等信息，以实现网络主机地址信息的动态配置。DHCP 技术具有以下功能。

（1）保证任何 IP 地址在同一时刻只能由一台 DHCP 客户端主机所使用，即不会出现 IP 地址冲突的情况。

（2）应用 DHCP 技术可以给用户分配永久固定的 IP 地址。

（3）通过 DHCP 技术获得 IP 地址的主机可以同用其他方法获得 IP 地址的主机共存，如手工配置 IP 地址的主机。

通过在路由器或者三层交换机上配置 DHCP，手机、电子终端就无需再手工配置 IP 地址。直接点击“自动获取”按钮，手机、电子终端会自动向路由器或者三层交换机发送 IP 地址请求信息，路由器或者三层交换机收到该请求后，会分配该网段内的唯一一个 IP 地址给该手机或电子终端。这样手机或者电子终端就可以连接互联网了。

6.1.2 DHCP 技术的实现方式

DHCP 技术有三种分配 IP 地址的机制。

（1）自动分配方式（Automatic Allocation），DHCP 服务器为主机指定一个永久性的 IP 地址，一旦 DHCP 客户端第一次成功从 DHCP 服务器端租用到 IP 地址后，就可以永久性地使用该地址。

（2）动态分配方式（Dynamic Allocation），DHCP 服务器为主机指定一个具有时间限制的 IP 地址，时间到期或主机明确表示放弃该地址时，该地址可以被其他主机使用，这种分配方式是生活中最为常见的。

（3）手工分配方式（Manual Allocation），客户端主机的 IP 地址是由网络管理员指定的，DHCP 服务器只是将指定的 IP 地址告诉客户端主机。

三种地址分配方式中，只有动态分配可以重复使用客户端主机不再需要的地址。

6.1.3 DHCP 的配置步骤

（1）配置路由器或者三层交换机的基本参数。

（2）配置路由器或者三层交换机 DHCP 要分配的地址池（即要分配的网段）。

（3）配置 DHCP 地址池的地址租约，如果不配置，默认情况下为 24 小时。

（4）配置客户端主机所在网段的网关（即指明 LAN 接口为网关）。

（5）配置访问外网时所用到的 DNS 服务器。

（6）DHCP 排除地址配置，明确哪些 IP 地址不允许被分配，该步骤如果没有，则不用配置。

项目实施

【任务描述】

某餐厅为了给客人提供更好的用餐服务，决定在餐厅内部署 WiFi 网络，让客人可以一边吃着美食一边畅游网络。由于餐厅较小，最大人数不超过 200 人。因此决定采用一段 C 类地址段 192.168.100.1/24 来作为 WiFi 专有网段。

【实训环境】

路由器 1 台，交换机 1 台，电子终端 3 台（在这里应用计算机作为电子终端），网线若干。

【网络拓扑】

如项目图 6-2 所示为餐厅的网络拓扑图。

【实训步骤】

参考 6.1.3 DHCP 的配置步骤，设置餐厅的 WiFi 网络，设置完成后，电子终端 1 获取的 IP 地址的结果如项目图 6-3 所示。

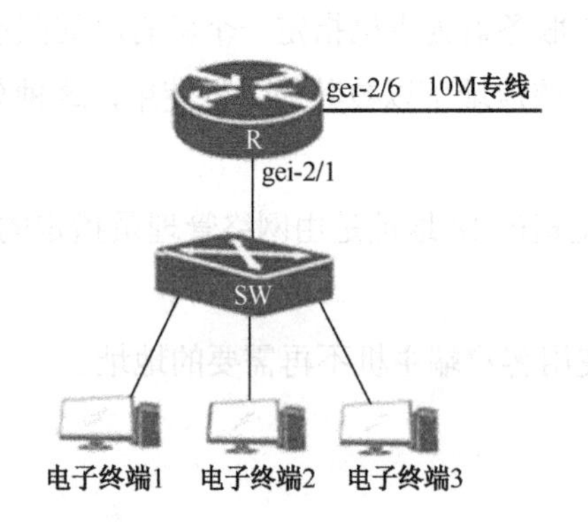

项目图 6-2　餐厅的网络拓扑图

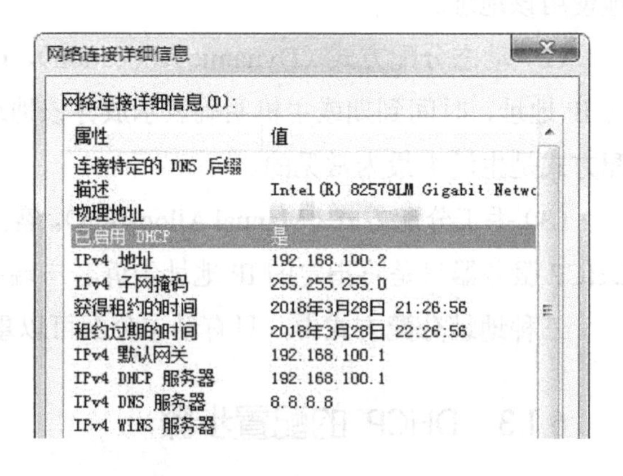

项目图 6-3　电子终端 1 获取的 IP 地址

路由器的配置命令如下：

```
ZXR10>enable
ZXR10#config terminal
ZXR10(config)#interface gei-2/1
ZXR10(config-if-gei-2/1)#ip add 192.168.100.1 255.255.255.0
ZXR10(config-if-gei-2/1)#no shut
ZXR10(config-if-gei-2/1)#exit                ! 配置端口的IP地址
```

```
ZXR10(config)#
ZXR10(config)#ip pool zte
ZXR10(config-ip-pool)#rang 192.168.100.2 192.168.100.254 255.255.255.0
ZXR10(config-ip-pool)#exit                    ! 配置IP POOL并命名为zte
ZXR10(config)#
ZXR10(config)#ip dhcp pool zte
ZXR10(config-dhcp-pool)#ip-pool zte
ZXR10(config-dhcp-pool)#dns 114.114.114.114 202.96.128.86
ZXR10(config-dhcp-pool)#default-router 192.168.100.1
ZXR10(config-dhcp-pool)#exit                  ! 把IP POOL和DHCP POOL绑定
ZXR10(config)#
ZXR10(config)#ip dhcp policy policy_1 1
ZXR10(config-dhcp-policy)#dhcp-pool zte
ZXR10(config-dhcp-policy)#exit                ! 把DHCP POOL和DHCP POLICY绑定
ZXR10(config)#
ZXR10(config)#dhcp
ZXR10(config-dhcp)#enable                     ! 开启DHCP服务功能
ZXR10(config-dhcp)#
ZXR10(config-dhcp)#interface gei-2/1
ZXR10(config-dhcp-if-gei-2/1)#mode server     ! 端口模式设置为服务器模式
ZXR10(config-dhcp-if-gei-2/1)#policy policy_1 ! 设置策略
ZXR10(config-dhcp-if-gei-2/1)#exit
ZXR10(config-dhcp)#exit
ZXR10(config)#
```

任务二　ACL 技术的基本配置

预备知识

背景描述

A 学校是一所国家级示范性中等职业学校，拥有在校生 5000 多人，教师 400 多人，全校敷设了先进的校园网，拥有计算机等上网终端 2000 多台。其中教师专用上网终端 500 多台，实验室有上网终端 1500 多台。根据规定，实验室的上网终端无法访问外网，而教师的上网终端则没有限制。如何实现这种网络设计就是这一小节内容所要讨论的问题。

6.2 ACL 技术及应用

6.2.1 ACL 技术介绍

ACL（Access Control List，访问控制列表），简单来说就是数据报过滤。配置在网络设备中的访问控制列表实际上是一张规则检查表，这张表中包含了很多指令规则，这些规则就是告诉交换机或者路由器设备哪些数据报可以接收，哪些数据报需要拒绝。对网络中通过的数据报进行过滤，从而实现对网络资源的访问输入和访问输出的控制。

交换机或者路由器设备按照 ACL 中的指令顺序，处理每一个进入端口的数据报，实现对进入或者流出网络设备的数据报进行过滤。在网络互连设备中灵活地增加访问控制列表，是一种有力的网络控制工具，通过对进入和流出数据报的过滤，可以确保网络安全。

根据访问控制标准的不同，ACL 可以分为多种类型，以实现不同区域的安全访问控制。

常见的 ACL 有两类：标准访问控制列表（Standard ACL）和扩展访问控制列表（Extended ACL），在规则中使用不同编号进行区别。其中，标准访问控制列表的编号取值范围为 1～99；扩展访问控制列表的编号取值范围为 100~199。

两种 ACL 的区别是：标准 ACL 只匹配数据报中的源地址；扩展 ACL 不仅仅匹配数据报中源地址，还检查数据报的目的地址，以及检查数据报的特定协议类型、端口号等。

扩展 ACL 技术就是通过数据报中的五元组（源 IP 地址、目标 IP 地址、协议号、源端口号、目标端口号）来区分特定的数据流，并对匹配预设规则的数据采取相应措施，允许（permit）或拒绝（deny）数据通过，从而实现对网络的安全控制。

6.2.2 如何编制 ACL

编制 ACL 的规则如下。

（1）详细了解客户的需求，并加以分析。

（2）在网络设备上定义 ACL 的规则。按照客户的需求，一条一条的编写。

（3）将规则应用于特定的端口或 IP 地址。

6.2.3 配置 ACL 的步骤

（1）创建标准的 ACL，命令格式为：

```
ZXR10(config)#ipv4-access-list 列表名称
```

例如：

```
ZXR10(config)#ipv4-access-list test
```

创建一条名称为test的ACL。

（2）定义ACL访问规则，命令格式为：

```
ZXR10(config-ipv4-acl)#rule 规则号 permit | deny 受限源地址 地址通配符
```

例如：

```
ZXR10(config-ipv4-acl)#rule 1 permit 172.16.3.0 0.0.0.255
```

该命令的意思为允许 172.16.3.0/24 网段，如果把 permit 换成 deny，则为阻止172.16.3.0/24网段。

（3）调用ACL。将编写好的ACL应用于相应的端口，使用以下命令格式：

```
ZXR10(config-if-gei-2/1)# ipv4-access-group egress | ingress 列表名称
    //egress 表示对流出端口的数据进行过滤
    //ingress表示对进入端口的数据进行过滤
```

例如：在gei-2/1端口的数据出方向上调用ACL，命令如下：

```
ZXR10(config)# interface gei-2/1
ZXR10(config-if-gei-2/1)# ipv4-access-group egress test
```

将test表应用于gei-2/1端口的出方向上。

小知识》

在应用ACL时，应尽量将其放置在靠近目标的位置。

项目实施

【任务描述】

A学校是一所国家级示范性中等职业学校，拥有在校生5000多人，教师400多人，全校敷设了先进的校园网，拥有计算机等上网终端2000多台。其中教师专用上网终端500多台，实验室有上网终端1500多台。根据规定，实验室的上网终端无法访问外网，而教师的上网终端则没有限制。根据需求，配置学校路由器。

【实训环境】

路由器1台，计算机2台，外网服务器1台（代替互联网），网线若干。

【网络拓扑】

如项目图 6-4 所示为 ACL 技术实训网络拓扑图。

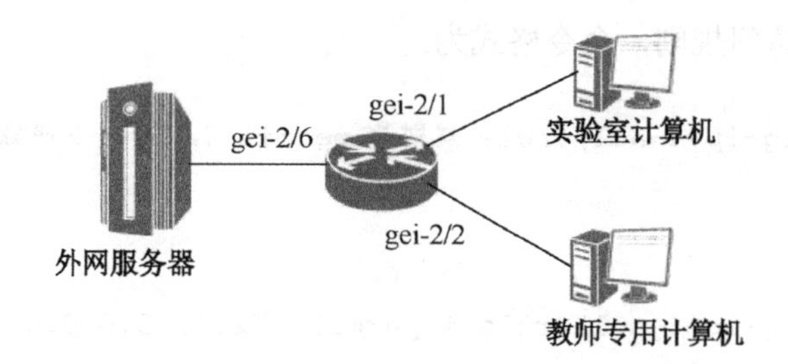

项目图 6-4　ACL 技术实训网络拓扑图

【IP 地址规划】

如项目表 6-1 所示为 ACL 技术实训 IP 地址规划表。

项目表 6-1　ACL 技术实训 IP 地址规划表

设　备	端　口	IP 地 址
路由器	gei-2/1	192.168.1.1/24
	gei-2/2	192.168.2.1/24
	gei-2/6	10.1.1.1/24
外网服务器		10.1.1.2/24
实验室计算机		192.168.1.2/24
教师专用计算机		192.168.2.2/24

【实训步骤】

（1）正确配置路由器的接口 IP 地址。

（2）创建访问控制列表，定义访问规则。

（3）将列表应用于相应路由器端口的对应方向上。

（4）验证测试结果：实验室计算机无法 Ping 通外网服务器，而教师专用计算机则可以正常 Ping 通外网服务器。测试结果如项目图 6-5、项目图 6-6 所示。

```
C:\Users\Administrator>ping 10.1.1.2

正在 Ping 10.1.1.2 具有 32 字节的数据:
请求超时。
请求超时。
请求超时。
请求超时。

10.1.1.2 的 Ping 统计信息:
    数据报: 已发送 = 4, 已接收 = 0, 丢失 = 4 (100% 丢失),
```

项目图 6-5 实验室计算机无法正常 Ping 通外网服务器

```
C:\Users\Administrator>ping 10.1.1.2

正在 Ping 10.1.1.2 具有 32 字节的数据:
来自 10.1.1.2 的回复: 字节=32 时间=12ms TTL=255
来自 10.1.1.2 的回复: 字节=32 时间=8ms TTL=255
来自 10.1.1.2 的回复: 字节=32 时间<1ms TTL=255
来自 10.1.1.2 的回复: 字节=32 时间<1ms TTL=255

10.1.1.2 的 Ping 统计信息:
    数据报: 已发送 = 4, 已接收 = 4, 丢失 = 0 (0% 丢失),
往返行程的估计时间(以毫秒为单位):
    最短 = 0ms, 最长 = 12ms, 平均 = 5ms
```

项目图 6-6 教师专用计算机可以 Ping 通外网服务器

路由器配置命令如下：

```
ZXR10>enable
ZXR10#config terminal
ZXR10(config)#interface gei-2/1
ZXR10(config-if-gei-2/1)#ip address 192.168.1.1 255.255.255.0
ZXR10(config-if-gei-2/1)#no shut
ZXR10(config-if-gei-2/1)#exit
ZXR10(config)#interface gei-2/2
ZXR10(config-if-gei-2/2)#ip address 192.168.2.1 255.255.255.0
ZXR10(config-if-gei-2/2)#no shutdown
ZXR10(config-if-gei-2/2)#exit
ZXR10(config)#interface gei-2/6
ZXR10(config-if-gei-2/6)#ip address 10.1.1.1 255.255.255.0
ZXR10(config-if-gei-2/6)#no shutdown
ZXR10(config-if-gei-2/6)#exit                    ！配置路由器的端口信息
ZXR10(config)#ipv4-access-list xuexiao    ！新建名称为xuexiao的ACL
ZXR10(config-ipv4-acl)#rule 1 deny 192.168.1.0 0.0.0.255    ！定义规则
ZXR10(config-ipv4-acl)#exit
ZXR10(config)#interface gei-2/6
ZXR10(config-if-gei-2/6)#ipv4-access-group egress xuexiao  ！应用规则
```

```
ZXR10(config-if-gei-2/6)#end
ZXR10#
```

任务三　NAT 技术的基本配置

预备知识

背景描述

A 学校是一所国家级示范性中等职业学校，拥有在校生 5000 多人，教师 400 多人，全校敷设了先进的校园网，拥有计算机等终端 2000 多台。按照学校规划这些终端要全部都接入互联网，但是学校在向中国电信申请光纤的时候，只申请到了几个有限的公网 IP 地址，如何利用这些 IP 地址，让全校所有的电子终端全部接入互联网呢？这就是这一节内容所要讨论的问题。

6.3 NAT 技术及应用

6.3.1 NAT 技术介绍

NAT（Network Address Translation，网络地址转换）技术。随着接入互联网的电子终端数量以指数级速度不断的增长，一个麻烦的问题出现了：IPv4 地址迅速枯竭，这直接促进了 IPv6 大规模地址技术的开发。尽管即将出现的 IPv6 被视为解决互联网发展中 IP 地址短缺困境的重要方案，但新一代的 IPv6 地址从规划、开发，再到大规模应用，还有一段漫长的过程。在 IPv4 向 IPv6 过渡的期间，人们还提出了一些短期的改善 IPv4 地址短缺的解决方案，其中最重要的一项就是地址转换技术，即 NAT 技术。

NAT 技术最初设计的目的就是通过允许使用较少的公网 IP 地址，代表多数的私有 IP 地址，来减缓 IP 地址枯竭的速度。NAT 技术的出现使人们对 IP 地址枯竭的恐慌得到了大大的缓解，甚至在一定程度上延缓了 IPv6 技术在网络中的发展和推广速度。

NAT 技术是通过将 IP 数据报头中的 IP 地址，转换为另一个 IP 地址，允许一个组织内所有的私有 IP 地址以一个公网 IP 地址出现在互联网上。顾名思义，它是一种把内部私有 IP 地址，翻译成合法网络地址的技术。

如项目图 6-7 所示的网络场景，将企业内网中使用的私有 IP 地址，通过出口路由器转化为公网公有 IP 地址，以实现内部网络接入互联网。

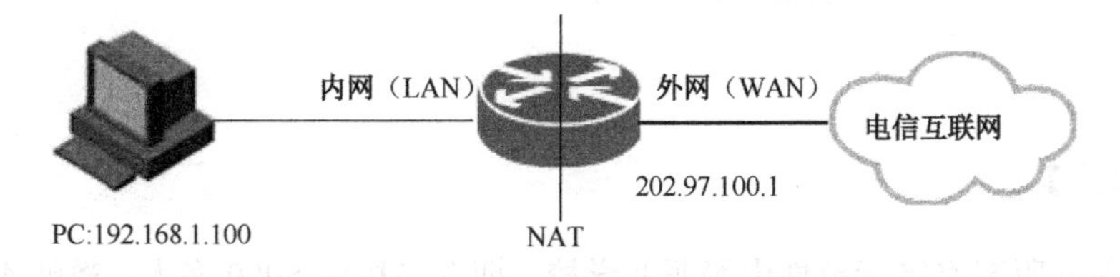

项目图 6-7 利用 NAT 技术将私有 IP 地址转为公网 IP 地址示意图

NAT 技术的典型应用是将使用私有 IP 地址的局域网连接到互联网，以实现私有网络访问公共网络的功能。这样就无需再给内部网络中的每个设备都分配公网 IP 地址，既避免了公网 IP 地址的浪费，又节省了申请公网 IP 地址的费用，同时也减缓了 IPv4 地址被耗尽的速度。

6.3.2 NAT 技术的实现方式

按照 NAT 技术应用环境的不同，NAT 技术的实现方式有三种，分别是静态网络地址转换（Static NAT）、动态网络地址转换（Dynamic NAT）和端口多路复用地址转换（Port Address Translation，PAT）。

静态网络地址转换是由网络管理员手工配置的，将内部网络的私有 IP 地址转换为公网 IP 地址，私有地址与公网地址是一对一的，且一成不变，某个私有 IP 地址只转换为某个公网 IP 地址。借助于静态网络地址转换，可以实现外部网络对内部网络中某些特定设备（如服务器）的访问，同时可以防止服务器暴露在公共互联网中。

动态网络地址转换是指将内部网络的私有 IP 地址转换为公网 IP 地址时，IP 地址是不确定的，是随机的，所有被授权访问上 Internet 的私有 IP 地址可随机转换为任何指定的合法 IP 地址。也就是说，只要指定哪些内部地址可以进行转换，以及用哪些合法地址作为外部地址时，就可以进行动态网络地址转换。动态网络地址转换可以使用多个合法外部地址集。当 ISP 提供的合法 IP 地址略少于网络内部的计算机数量时，可以采用动态网络地址转换的方式。

端口多路复用地址转换是指改变外出数据报的源端口并进行端口转换。采用端口多路复用地址转换方式，内部网络的所有主机均可共享一个合法的外部 IP 地址来实现 Internet 的访问，从而可以最大限度地节约 IP 地址资源。同时又可隐藏网络内部的所有主机，有效地避免来自 Internet 的攻击。因此，目前网络中应用最多的就是这种方式。

6.3.3 NAT 的配置步骤

（1）启用 NAT 功能。

（2）定义 ACL 匹配列表。

（3）定义 NAT 公网转换的地址池并进行 NAT 转换。

（4）指定 NAT 转换的内部端口（LAN 接口）和外部端口（WAN 接口）。

（5）设置 NAT 老化时间、最大用户会话数（可选）。

项目实施

【任务描述】

A 学校是一所国家级示范性中等职业学校，拥有在校生 5000 多人，教师 400 多人，全校敷设了先进的校园网，拥有计算机等电子终端 2000 多台。按照学校规划这些电子终端要全部都接入互联网，但是学校在向中国电信申请光纤的时候，只申请到了一段公网 IP 地址 202.97.100.1/29，目前学校对外发布的仅有网站服务器，其他计算机需通过 NAT 技术来登录互联网。

【实训环境】

路由器 1 台，交换机 1 台，计算机 2 台，网站服务器 1 台，网线若干。

【网络拓扑】

如项目图 6-8 所示为 NAT 技术实训网络拓扑图。

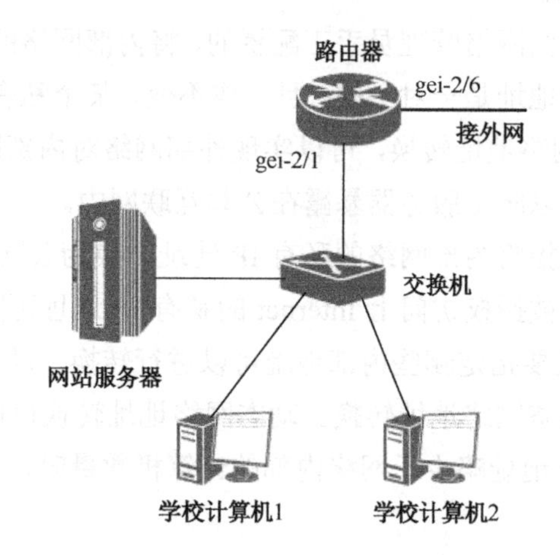

项目图 6-8　NAT 技术实训网络拓扑图

【IP 地址规划】

如项目表 6-2 所示为 NAT 技术实训 IP 地址规划表。

项目表 6-2　NAT 技术实训 IP 地址规划表

设　备	端　口	IP 地 址
路由器	gei-2/6	202.97.100.2/29
	gei-2/1	192.168.1.1/24
网站服务器		对内：192.168.1.254/24
		对外：202.97.100.5/29
学校计算机 1		192.168.1.2/24
学校计算机 2		192.168.1.200/24

【实训步骤】

（1）配置路由器的相关接口 IP 地址。

（2）指明 WAN 接口（Outside 接口）和 LAN 接口（Inside 接口）。

（3）创建访问控制列表，定义允许作 NAT 的内网 IP 地址列表。

（4）网站服务器作静态网络地址转换。

（5）其他计算机机作动态网络地址转换。

路由器配置命令如下：

```
ZXR10>enable
ZXR10#config terminal
ZXR10(config)#ip nat start
ZXR10(config)#interface gei-2/6
ZXR10(config-if)#ip address 202.97.100.2 255.255.255.248
ZXR10(config-if)#ip nat outside
ZXR10(config-if)#exit
ZXR10(config)#interface gei-2/1
ZXR10(config-if)#ip address 192.168.1.1 255.255.255.0
ZXR10(config-if)#ip nat inside
ZXR10(config-if)#exit
ZXR10(config)#ip access-list standard 3
ZXR10(config-std-acl)#permit 192.168.1.0 0.0.0.255
ZXR10(config)#ip nat inside source static 192.168.1.254 202.97.100.5
ZXR10(config)#ip nat pool netpool 202.97.100.3 202.97.100.4
prefix-length 29
ZXR10(config)#ip nat inside source list 3 pool netpool overload
ZXR10(config)#ip route 0.0.0.0 0.0.0.0 gei-2/6
```

思考与练习

如何在三层交换机上配置 DHCP 服务和 ACL 服务？

项目7
数据通信综合实训

项目目标

综合运用所学知识，构建常见的局域网。

项目分析

通过对前面知识的学习，相信大家已经掌握了网络基础知识，学会了如何配置常见的网络设备。但是在实际应用中，网络可不只是一个独立的设备，而是一个系统，是由多台设备相互协同工作，共同为大家提供高速、畅快的互联网服务的系统。

本项目以学校校园网为例，综合之前所学知识，来构建满足师生正常上网需求的网络。

项目任务

任务　数据通信综合实训

任务 数据通信综合实训

【任务描述】

本实训将模拟某职业学校校园网建设案例，该职业学校从中国电信申请了一段公网IP地址：202.97.100.1/29。中国电信网络接入该职业学校的三层交换机，再通过楼宇二层交换机接入各个办公室和教室。

规划要求如下：

（1）教学楼各个教室相互不能影响。

（2）实训室和办公室、教学楼相互不能影响。

（3）办公室主机间没有要求。

（4）学校网站服务器所用备案IP地址为：202.97.100.5。

（5）手机自动获取IP地址，通过WiFi上网。

（6）实训室学生专用计算机无法连接互联网。

（7）网站服务器、班级主机、办公室各主机、实训室教师专用计算机、手机均可以正常接入互联网。

【网络拓扑】

如项目图7-1所示为数据通信综合实训网络拓扑图。

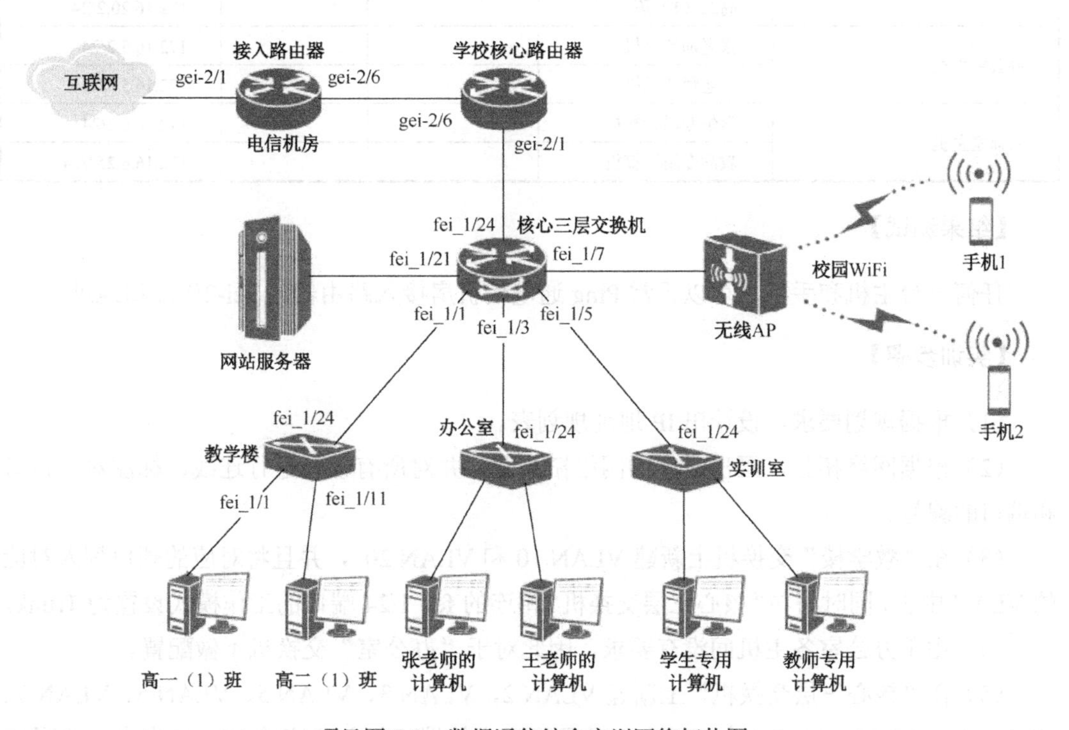

项目图7-1 数据通信综合实训网络拓扑图

【IP 地址规划】

如项目表 7-1 所示为数据通信综合实训 IP 地址规划表。

项目表 7-1　数据通信综合实训 IP 地址规划表

设　备	用　途	端　口	VLAN 号	IP 地 址
电信机房接入路由器		gei-2/1		59.39.128.1/30
		gei-2/6		202.97.100.1/30
学校核心路由器		gei-2/1		10.1.1.1/30
		gei-2/6		202.97.100.2/29
三层交换机	连接核心路由器	fei_1/24	2	10.1.1.2/30
	连接网站服务器	fei_1/21-22	3	172.16.3.1/24
	连接教学楼	fei_1/1-2		
	连接办公室	fei_1/3-4	5	172.16.5.1/24
	连接实训室	fei_1/5-6	6	172.16.6.1/24
	连接无线 AP	fei_1/7-8	7	172.16.7.1/24
	教学楼主机网关		10	172.16.10.1/24
			20	172.16.20.1/24
网站服务器	对内			172.16.3.2/24
	对外			202.97.100.5
教学楼交换机	高一（1）班	fei_1/1-2	10	
	高二（1）班	fei_1/11-12	20	
班级主机	高一（1）班			172.16.10.2/24
	高二（1）班			172.16.20.2/24
办公室主机	张老师计算机			172.16.5.2/24
	王老师计算机			172.16.5.3/24
实训室主机	学生专用计算机			172.16.6.2/24
	教师专用计算机			172.16.6.254/24

【结果测试】

任何一台主机和手机均可以正常 Ping 通电信机房接入路由器的 gei-2/1 端口地址。

【实训步骤】

（1）根据规划要求，设计出 IP 地址规划表。

（2）根据网络拓扑，画出对应的网络拓扑图，并对所有设备进行连线，标注对应设备和端口的编号。

（3）在“教学楼”交换机上新建 VLAN 10 和 VLAN 20 ，并且将对应的端口划入对应的 VLAN 中去，同时将与“核心三层交换机”相连的 fei_1/24 端口的工作模式设置为 Trunk。

（4）由于办公室各主机间没有要求，因此对于“办公室”交换机不做配置。

（5）在“核心三层交换机”上新建 VLAN 2、VLAN 3、VLAN 5、VLAN 6、VLAN 7、VLAN 10、VLAN 20 共 7 个 VLAN。并且将对应的端口划入对应的 VLAN 中去，按照 IP

地址规划表分别配置各个 VLAN 的 IP 地址。同时将与“教学楼”交换机相连的 fei_1/1 接口的工作模式设置为 Trunk。

（6）配置三层交换机的 DHCP 功能。

（7）配置三层交换机的默认路由功能。

（8）配置三层交换机的访问控制列表，实现除实训室学生专用计算机外，其余主机均可以正常连接互联网。

（9）配置学校核心路由器的相关接口 IP 地址，同时指明 WAN 接口（Outside 接口）和 LAN 接口（Inside 接口），定义学校网站服务器静态网络地址转换功能。

（10）配置 NAT 地址池，同时配置 PAT 模式下其他电子终端连接互联网的 NAT。

（11）配置访问外网的默认路由，同时配置到内网地址的静态路由。

（12）配置电信机房接入路由器的接口 IP 地址，并配置到达学校网段的静态回程路由。

（13）根据 IP 地址配置表，配置各台主机和电子终端的 IP 地址，手机设置为自动获取 IP 地址模式。

（14）测试各台主机是否满足设计要求，同时测试手机是否可以正常获取 IP 地址，是否可以正常连接互联网。

思考与练习

在上面的实训步骤中，如果将步骤（11）和步骤（12）中的静态路由更改为动态路由协议（如 OSPF），那么核心三层交换机或者学校核心路由器该如何配置，才能保证网络的畅通。

参 考 文 献

[1] 许圳彬，等．IP 网络技术[M]．北京：人民邮电出版社，2012.
[2] 杨波，等．大话通信[M]．北京：人民邮电出版社，2009.
[3] Todd Lammle. CCNA Study Guide Sixth Edition[M]．北京：电子工业出版社，2008.
[4] 谢希仁．计算机网络（第 7 版）[M]．北京：电子工业出版社，2017.

反侵权盗版声明

电子工业出版社依法对本作品享有专有出版权。任何未经权利人书面许可，复制、销售或通过信息网络传播本作品的行为；歪曲、篡改、剽窃本作品的行为，均违反《中华人民共和国著作权法》，其行为人应承担相应的民事责任和行政责任，构成犯罪的，将被依法追究刑事责任。

为了维护市场秩序，保护权利人的合法权益，我社将依法查处和打击侵权盗版的单位和个人。欢迎社会各界人士积极举报侵权盗版行为，本社将奖励举报有功人员，并保证举报人的信息不被泄露。

举报电话：（010）88254396；（010）88258888

传　　真：（010）88254397

E-mail：　dbqq@phei.com.cn

通信地址：北京市万寿路 173 信箱

　　　　　电子工业出版社总编办公室

邮　　编：100036